統計ライブラリー

頑健回帰推定

蓑谷千凰彦
[著]

朝倉書店

まえがき

回帰モデルの回帰係数を通常の最小2乗法（OLS）によって推定すると，最小2乗推定量は外れ値にも等ウエイトを与えるから外れ値に敏感に反応し，効率は著しく低下する．極端な場合，わずか1個の外れ値によって全く無意味なパラメータ推定値がもたらされることさえある．OLSの崩壊点 breakdown point（BDP）は $1/n$ であるといわれる．すなわち，OLSは外れ値に対して頑健 robust でない．

外れ値は回帰モデルの誤差項が正規分布より両裾の厚い分布（尖度>3の分布）に従っている場合，均一分散の仮定が崩れる場合，特定の個体あるいは特定の期の被説明変数の期待値からのズレ，すなわち，定式化したモデルとは異なったデータ発生メカニズムに従う特定の観測値の存在等々によって生ずる．

外れ値を検出し，あるいは回帰係数推定値に高い影響力をもつ影響点を検出するのが回帰診断であり，外れ値のウエイトを小さくあるいは0にして外れ値に頑健なパラメータ推定を行うのが頑健回帰 robust regression である．さらに，最小2乗残差では検出されなかった外れ値が頑健回帰の残差から新たに識別されることも多く，この点にも頑健回帰推定を行う意義がある．回帰診断は回帰分析で標準的方法としてかなり定着した．しかし，1964年Huberによって頑健推定が提唱されてからすでに半世紀を経過したにもかかわらず，頑健回帰推定法は依然として回帰分析の標準的方法として定着していないし，使用も少ない．統計解析ソフトも頑健回帰推定はあまり充実していない．TSPはLAD（最小絶対偏差），LMS（最小メディアン2乗），LTS（最小刈込み2乗）のみ，Andersen（2008），*Modern Methods for Robust Regression* に依れば，SASにLMS, LTS, M, S, MMが，RとS-PLUSにM, S, MM, BIE（=GM）が，STATAにM, MM, LADがある．しかし頑健回帰推定法の詳細はソフトでは残差の初期値，使用した Ψ 関数，設定した調整定数 tuning constant の値が明示されておらず，どのような方法に従って推定しているのか不明であることが多い．

頑健回帰推定が回帰分析の標準的方法として定着しない理由はいくつかある．

1. OLSに対する信仰に似た信頼

2. 外れ値あるいは回帰係数への高い影響点という概念が重要視されていない.
3. 頑健回帰推定法は多数あり，推定法ごとに Ψ 関数の種類だけ推定法があり，Ψ 関数を固定しても調整定数の与え方，くりかえし再加重最小 2 乗の収束計算をするかどうかによって推定結果は異なってくる．標準としてどの方法を用いるべきか意見が一致していない．Tukey の Ψ 関数を用いる MM 推定が，さまざまな状況に対応できるという意味で，評価されているが，標準的方法として定着しているとは言えない．SAS，R（S-PLUS），STATA にも MM は入っている．ただし，使用している Ψ 関数，調整定数の値など詳細不明であることが多い.
4. 頑健回帰推定の統計ソフト自体少ないが，ソフトの頑健回帰に対する説明が不十分で，推定法の詳細が不明のため利用者にとっても不安が残る.

頑健回帰推定のこのような現状に鑑み，本書では頑健回帰推定の具体例を説明する際，頑健回帰推定法，残差の初期値，σ の推定法，適用した Ψ 関数，設定した調整定数の値，0 あるいは 0 近くまでウエイトダウンした観測値番号も明示した．1 章，2 章で，BDP50% を与える調整定数，回帰モデルの誤差項が正規分布に従っているとき，回帰係数推定量の漸近的有効性が 90%，95%，99% になる調整定数の値もすべての Ψ 関数で計算し表に示している.

また，本書で用いた頑健回帰推定法の計算方法も明らかにしておくため次の推定法についてはアルゴリズムも示した.

M 推定（Tukey の Ψ，残差の初期値 OLS）：1.8.2 項
M 推定（Tukey の Ψ，残差の初期値 LMS）：3.3.2 項
有界影響推定 BIE（GM ともいわれる）：3.4 節
3 段階 S 推定（Tukey の Ψ）：4.3 節
τ 推定（Tukey の Ψ）：4.4 節
MM 推定（第 2 段階 σ の M 推定）：5.3 節
MM 推定（第 2 段階 Yohai (1987) 原論文の σ の推定法）：5.4 節
1 ステップ M 推定：5.5.1 項
1 ステップ BIE：5.5.3 項.

各章の概要を示しておこう.

1 章は頑健推定（頑健回帰を含む）に関連した基本的概念を説明する．重要な

概念はM推定量，加重最小2乗法，頑健回帰（以上1.2節），影響関数（1.3節），M推定量の不偏性と漸近的特性(1.4節)，Ψ関数(Huber 1.4節, Tukey 1.5節)，崩壊点BDPと調整定数（1.6節，1.7節）である．

影響関数によって，回帰係数の最小2乗推定量（OLSE）および誤差項の分散の不偏推定量s^2は，残差から際限なく影響を受けること，影響関数とΨ関数は比例関係にあること，Ψ関数を用いる回帰係数のM推定量はOLSEと異なり，Ψ関数によってY方向の誤差に対し限界が画されることがわかる（1.3節）．しかし，M推定量はX方向の外れ値（高い作用点）に対しては無防備である（1.6節）．n個の観測値があるとき，OLSはわずか1個の外れ値によって推定値が無意味な値になり得る．これはOLSは外れ値に敏感であるということの崩壊点からの表現である（1.6節）．その他，1.5節で総誤差感度GES，局所方向感度LSSという概念も説明し，TukeyのΨ関数で数値例を示した．

崩壊点BDPが何%になるかは，損失関数と調整定数の値に依存する．損失関数がある一定の条件を満たすとき，漸近的崩壊点$100\times\lambda\%$を与える調整定数の値の求め方を示したのが1.7節である．

1.8節は誤差項の標準偏差σの頑健推定について述べる．σは局外パラメータとはいえ，残差を規準化し，規準化残差から加重回帰のウエイトが決定されるから，頑健回帰推定においてσの推定は極めて重要である．本書でよく用いるσの推定量は，残差をe_iとすると

$$s_0=\text{MAD}/0.6745=\text{median}\,|e_i-M|/0.6745$$
$$M=\text{median}\,(e_j)$$

あるいはσのM推定量である．1章でTukeyのΨ関数を用いるときのσのM推定量を示す．

M推定はX方向の誤差に対して頑健ではなく，とくに，HuberのΨ関数は，$|u|>c>0$のとき，$\Psi(\mathrm{u})=0$となる排除点rejection pointをもたないからY方向の大きな外れ値に対しても防備されていない．排除点を有しているΨ関数として1章でTukeyのΨ関数を示した．

$\Psi(0)=0$であり，$|u|>c>0$のとき再び$\Psi(u)=0$となる奇関数が再下降Ψ関数redescending psi functionである．3章以降で用いるΨ関数はすべてこの再下降Ψ関数である．TukeyのΨ関数以外の次の4種類の再下降Ψ関数を2章で説明する．AndrewsのΨ（2.2節），CollinsのΨ（2.3節），HampelのΨ（2.4

節)，双曲正接 Ψ (tanh) (2.5 節).

損失関数 ρ, Ψ 関数，ウエイト関数 w とグラフ，各 Ψ 関数の崩壊点およびモデルの真の分布が正規分布のとき，回帰係数推定量の漸近的有効性が 90%, 95%, 99% となる調整定数の値も Ψ 関数ごとに計算し，表に示した．さらに，各 Ψ 関数に対応する σ の M 推定量を与える式を導出した．この σ の M 推定量は 5 章の MM 推定の第 2 段階で用いる.

低い BDP しかもたない M 推定に代わり，高い BDP と同時に，モデルの真の分布が正規分布のときにも，回帰係数推定量が高い漸近的有効性を保持する頑健回帰が望ましい．それが 3 章の有界影響推定(BIE)以降の頑健回帰推定法である. 3 章は最小メディアン 2 乗法 (LMS)，最小刈り込み 2 乗法 (LTS)，有界影響推定(GM ともよばれる)，4 章で 3 段階 S 推定と τ 推定，5 章で MM 推定，1 ステップ M 推定，1 ステップ BIE をあつかっている.

頑健回帰推定法は複数あり，推定法を固定しても再下降 Ψ 関数は 5 種類ある. 3 章以降多くの具体例を示したのは，具体例それぞれの観測データに表されている状況は異なっており，あらゆる状況に適切に対応できる頑健推定法と Ψ 関数があるかどうか，それぞれの具体例に示されている観測データの外れ値にどの推定法と Ψ 関数が適切に対処しているか，あるいは対処していないかを探りたかったからである.

頑健回帰推定は外れ値の大きさに対応して観測値のウエイトを小さくし，あるいは 0 にする．しかし，この外れ値を最小 2 乗残差から検出するのは決して容易ではない．3.2 節で外れ値を X 方向の外れ値，Y 方向の外れ値，線形回帰からの外れ値の 3 つに分け，説明した．高い作用点 high leverage point を X 方向の外れ値とよび，X 方向の外れ値かどうかをハット行列の対角要素 h_{ii} あるいはマハラノビスの距離の 2 乗によって検出，Y 方向の外れ値かどうかは，もちろんモデルの定式化にも依存するが，最小 2 乗残差を e_i とすると，e_i^2 を残差平方和で割って 100 を掛けた % 表示の平方残差率の大きさ (一つの目安として，$100\times3/n$ を超える値) によって判断している．被説明変数の期待値が線形モデルの期待値に従わない外れ値かどうかは，(外的) スチューデント化残差によって判断することができる.

最小 2 乗残差からは検出できなかった外れ値が，頑健回帰推定の残差，ウエイトダウンした観測値によって検出されることも多く，頑健回帰推定のもう 1 つの意義もここにある．とくに，LMS は Y 方向の外れ値のみならず，X 方向の外れ値（高い作用点）も検出する．

LMS も LTS もともに崩壊点は可能な最大の値 50% に近い値をもつが，モデルの真の分布が正規分布のとき，回帰係数推定量の漸近的有効性は低い．したがって LMS や LTS を単独で使用せず，本書の頑健回帰推定においては，第1段階で，主として LMS からの残差を初期値として用い次の段階へ進む，という方法を採っている．3.4 節の BIE もこの方法である．

4 章は 3 段階 S 推定と τ 推定をあつかう．これまで私はくりかえし再加重最小 2 乗により収束計算を行う 2 段階 S 推定を提唱してきたが，例 4.1 で示しているように，クラフトポイントデータの観測データに対しては，この 2 段階 S 推定は，外れ値に全く対処できなかった．本書で新たに提唱したのは 3 段階 S 推定である．3 段階 S 推定のアルゴリズムは 4.3 節で示している．

τ 推定は Tukey の Ψ 関数のケースのみであるが，具体例も入れ，4.4 節で説明した．τ 推定においても，クラフトポイントデータに対しては，くりかえし再加重最小 2 乗の方法は頑健回帰推定としては失敗する．

5 章は MM 推定を，多くの具体例を挙げ，とくに 3 段階 S 推定と比較しつつ，詳細に説明した．MM 推定はすでに 1987 年 Yohai によって提唱されていたが，さまざまな状況に対応できる推定法であると，MM 推定への評価が高くなったのは近年になってからである（5.2 節）．3 段階からなる MM 推定のアルゴリズムは 5.3 節で示した．本書では，誤差項の標準偏差 σ を推定する MM 推定の第 2 段階で 2 つの方法を挙げた．1 つは 1.8.2 項で述べた σ の M 推定，もう 1 つは Yohai (1987) の MM 推定の原論文で示されている方法である．なぜ σ の M 推定量を用いたかは 5.4 節でクラフトポイントデータの例で説明している．

MM推定のほとんどの具体例において，2通りのσ推定の推定結果を併記した．クラフトポイントデータのような特殊な例を除けば，σ 推定の 2 通りの方法による大きな差異はない．

5.5節は複合推定として1ステップMおよび1ステップBIEをあつかっている．Rousseeuw and Leroy (2003) の 1 ステップ M，Coakley and Hettamansperger (1993) 論文で提唱された CH 法を紹介した．CH 法を Simpson and Montgomery (1998) や Andersen (2008) は高く評価しているが，具体例に示されているように，Rousseeuw and Leroy (2003) の 1 ステップ M も CH 法も納得できない回帰係数推定値をもたらす場合もあり，5.5 節では別の 1 ステップ M, CH 法とは異なる 1 ステップ BIE を説明した.

頑健回帰推定において，1 つの推定法と 1 つの Ψ 関数が標準的方法として定着しないのは，外れ値への対処が推定法と Ψ 関数によって異なった結果をもたらすからである．たとえば，MM 推定は X 方向の外れ値（高い作用点）に対処できないことが多い（例 5.7：登山レースの優勝時間）．この例では 3 段階 S 推定の方が外れ値に適切に対処する（例 4.3）．逆に，例 5.4：カリフォルニア州 30 地域の年平均降雨量のデータに対しては，外れ値への対処は MM 推定の方が 3 段階 S 推定より適切である.

しかし，3 段階 S 推定も MM 推定と同様，高い作用点（リンパ球数のモデル (5.4) 式の #47）の検出に失敗し，BIE（Tukey）によって検出されるケースもある（表 5.9 参照）.

いずれにせよ，多くの具体例が示すさまざまな状況に，複数の頑健回帰推定法と 5 種類の再下降 Ψ 関数を適用した結果からは，残念ながら，一つの頑健回帰推定法と Ψ 関数を推奨できるような確定的な結論は得られなかった.

1. 頑健回帰推定は Tukey の Ψ 関数を用いる MM 推定のみ，あるいは 3 段階 S 推定のみというように，1 つの特定の推定法のみにこだわらず，複数の推定法を試み，回帰係数推定値を比べ，どの観測値がなぜウエイトダウンしたかという外れ値への対処の仕方を比較し，考察した方がよい.
2. 頑健回帰推定法として推奨できるのは MM 推定法と 3 段階 S 推定，Ψ 関数は Tukey，Collins（あるいは Hampel）である．Collins あるいは Hampel の Ψ 関数は，規準化残差の絶対値がある値以下の観測値に対してはウエイト 1 を与える．これに対して，Tukey の Ψ 関数は残差 0 のときのみウエイト 1 を与える．Andrews の Ψ 関数による M 推定は Tukey の Ψ 関数のケースとあまり変わらず，tanh の Ψ 関数は調整定数が 5 個もあり，調整定数間の制約が極めて強く使いづらい.

最後になったが，朝倉書店編集部の方々に感謝したい．本書も企画・構成・内容・編集，ゲラの校正と多大なお世話になったことを記し，御礼を申し上げます.

2015 年 12 月

蓑谷　千凰彦

目　　次

1

最小 2 乗法と頑健回帰推定

1.1 はじめに

線形回帰モデルを

$$Y_i=\beta_1+\beta_2X_{2i}+\cdots+\beta_kX_{ki}+\varepsilon_i=\boldsymbol{x}_i'\boldsymbol{\beta}+\varepsilon_i$$
$$\boldsymbol{x}_i=(1\ \ X_{2i}\ \cdots\ X_{ki})',\quad i=1,\cdots,n$$
$$\boldsymbol{\beta}=(\beta_1\ \cdots\ \beta_k)'$$

とする．Y_i は i 番目の被説明変数，X_{ji} は説明変数 j の i 番目の値，ε_i は確率誤差，n は標本の大きさである．

回帰係数 $\beta_j,\ j=1,\cdots,k$ の何らかの方法による推定量を $\hat{\beta}_j$ とするとき

$$\hat{Y}_i=\boldsymbol{x}_i'\hat{\boldsymbol{\beta}},\quad i=1,\cdots,n$$

は観測値 Y_i の推定値を与え，Y_i との差

$$e_i=Y_i-\hat{Y}_i,\quad i=1,\cdots,n$$

は残差である．残差平方和を最小にする，すなわち

$$\min_{\hat{\beta}}\sum_{i=1}^{n}e_i^2$$

によって得られる $\hat{\beta}_j$ は β_j の最小 2 乗推定量 ordinary least square's estimator（以下，OLSE と略す）である．最小 2 乗法（OLS）で最小にしようとしている目的関数 $\sum_{i=1}^{n}e_i^2$ は OLS の損失関数である．

$$\sum_{i=1}^{n}e_i^2$$

ではなく，残差 e_i の他の損失関数 $\rho(e_i)$ を考えてみよう．たとえば 1.5 節で説明する Tukey の $\rho(e_i)$ は次式である（図 1.3 参照）．

$$\rho(e_i)=\begin{cases}\dfrac{B^2}{6}\left(1-\left[1-\left(\dfrac{e_i}{B}\right)^2\right]^3\right), & |e_i|\le B\\ \dfrac{B^2}{6}, & |e_i|>B\end{cases}$$

このとき

$$\min_{\hat{\beta}}\sum_{i=1}^{n}\rho(e_i)$$

の解として得られる β_j の推定量はM推定量とよばれる．OLSEも

$$\min\sum_{i=1}^{n}e_i^2=\min\sum_{i=1}^{n}\left(\frac{1}{2}e_i^2\right)$$

であるから，$\rho(e_i)=e_i^2/2$ のM推定量である．

OLSEの必要条件を

$$\sum_{i=1}^{n}e_i\boldsymbol{x}_i=\sum_{i=1}^{n}w_ie_i\boldsymbol{x}_i=\mathbf{0}$$

と表すと，OLSは $|e_i|$ がきわめて大きい値になろうと，すべての e_i に等ウエイト $w_i=1$ を与える．

このOLSに対して，たとえばTukeyの Ψ 関数を用いるM推定は，$\hat{u}_i$ を規準化残差とすると

$$w_i=\begin{cases}\left[1-\left(\dfrac{\hat{u}_i}{B}\right)^2\right]^2, & |\hat{u}_i|\le B\\ 0, & |\hat{u}_i|>B\end{cases}$$

であり，B を超える $|\hat{u}_i|$ のウエイトは0になる．すなわち，きわめて大きな $|\hat{u}_i|$ に対して頑健である．

本章は頑健回帰推定の理論的説明を主に展開している．M推定の視点からOLS，加重最小2乗法，Huberの Ψ 関数を例に頑健回帰を説明したのが1.2節である．1.3節はOLSEと頑健推定量が影響関数の点からみてどのように異なっているかの説明，1.4節はM推定量の不偏性と漸近的特性を明らかにする．

1.5節はTukeyの損失関数 ρ，Ψ 関数，ウエイト関数（1.5.1項），影響関数（1.5.2項），Tukeyの Ψ 関数を用いるM推定量の漸近的分散（1.5.3項），推定量の特徴（1.5.4項）を説明し，漸近的分散，真の分布が正規分布のときの回帰係数推定量の漸近的有効性，*GES*（総誤差感度），*LSS*（局所方向感度）の概念と数値，グラフも示した．

GES, LSS 以上に推定量の頑健性を測る尺度として重要な概念がBDP（崩壊点）である．1.6節はこのBDPの説明と，単純回帰モデルを用いてOLSEはわずか1個の外れ値によって崩壊するという実験例を紹介した．

1.7節は，BDPが何%になるかはρ関数の調整定数の値に依存していることをTukeyのρで示した．頑健回帰推定において，モデルの誤差項εの標準偏差σをいかにして求めるかはきわめて重要である．残差はσの推定値$\hat{\sigma}$によって規準化され，規準化残差の大きさがウエイトを決め，$\boldsymbol{\beta}$のM推定値を左右するからである．TukeyのΨを用いるσのM推定を求め，頑健回帰でよく用いられるベルギーの国際電話呼び出し回数のデータを用いて，OLS, HuberのΨ, TukeyのΨによる頑健回帰推定の例を示した（1.8節）．

1.2 M 推 定 量

$X_1, \cdots, X_n$は確率密度関数 probability density function（以下，pdfと略す）$f(x\,;\theta)$からの無作為標本とする．損失関数を$\rho(x\,;\theta)$とすると

$$\min\sum_{i=1}^{n}\rho(x_i\,;\theta) \tag{1.1}$$

の解として得られるパラメータθの推定量はM推定量M-estimatorとよばれる．M推定量という名称はHuber（1964）の命名であり，一般化最尤推定量generalized maximum likelihood estimatorのMにもとづいている．

$$\rho(x\,;\theta) = -\log f(x\,;\theta) \tag{1.2}$$

のとき，M推定量は最尤推定量（以下，MLEと略す）である．

1.2.1 回帰係数のM推定量

回帰モデルを

$$Y_i = \boldsymbol{x}_i'\boldsymbol{\beta} + \varepsilon_i, \quad i=1, \cdots, n \tag{1.3}$$

とする．ここで$1\times k$ベクトル

$$\boldsymbol{x}_i' = (1 \;\; X_{2i} \;\; \cdots \;\; X_{ki})$$

は所与，確率誤差項ε_iは$E(\varepsilon_i)=0$と仮定する．

$\boldsymbol{\beta}$のM推定量は

$$\min \sum_{i=1}^{n} \rho(Y_i - \boldsymbol{x}_i'\boldsymbol{\beta}) \tag{1.4}$$

の解である．

OLSE は

$$\rho(u) = \frac{u^2}{2} \tag{1.5}$$

の M 推定量である．すなわち

$$\sum_{i=1}^{n} \rho(Y_i - \boldsymbol{x}_i'\boldsymbol{\beta}) = \frac{1}{2}\sum_{i=1}^{n} (Y_i - \boldsymbol{x}_i'\boldsymbol{\beta})^2 \tag{1.6}$$

が OLS の最小にすべき損失関数である．

$\rho(u)$ は微分可能で，0 のまわりで対称的な凸関数のとき，$\boldsymbol{\beta}$ の M 推定量を $\hat{\boldsymbol{\beta}}_{\mathrm{M}}$ とすると，$\hat{\boldsymbol{\beta}}_{\mathrm{M}}$ は必要条件

$$\sum_{i=1}^{n} \rho'(Y_i - \boldsymbol{x}_i'\hat{\boldsymbol{\beta}}_{\mathrm{M}})\boldsymbol{x}_i = \sum_{i=1}^{n} \Psi(e_i)\boldsymbol{x}_i = \mathbf{0} \tag{1.7}$$

の解として得られる．ここで $\rho'(e_i) = \Psi(e_i)$，$e_i = Y_i - \boldsymbol{x}_i'\hat{\boldsymbol{\beta}}_{\mathrm{M}}$ である．

OLS は（1.5）式より

$$\Psi(e_i) = \rho'(e_i) = e_i$$

であるから，OLSE を与える必要条件（1.7）式は

$$\sum_{i=1}^{n} e_i\boldsymbol{x}_i = \mathbf{0} \tag{1.8}$$

となる．

ウエイト関数 $w(u)$ を

$$w(u) = \frac{\Psi(u)}{u} \tag{1.9}$$

と定義すれば，（1.7）式は

$$\sum_{i=1}^{n} w_i(e_i)e_i\boldsymbol{x}_i = \sum_{i=1}^{n} w_ie_i\boldsymbol{x}_i = \mathbf{0} \tag{1.10}$$

と表すことができる．$w_i = w_i(e_i)$ であり，ウエイトは残差 e_i に依存する．

1.2.2　加重最小 2 乗推定量

（1.10）式は

$$\min \sum_{i=1}^{n} w_ie_i^2$$

すなわち加重最小2乗推定量 weighted least-squares estimator（WLSE）の解を与える．なぜならば，$\boldsymbol{b}$ を $\boldsymbol{\beta}$ の WLSE とし，r_i をその残差

$$r_i = Y_i - \boldsymbol{x}_i'\boldsymbol{b}$$

とすれば，$\boldsymbol{b}$ は

$$\sum_{i=1}^{n} w_i r_i^2 = \sum_{i=1}^{n} w_i (Y_i - \boldsymbol{x}_i'\boldsymbol{b})^2$$

を最小にするから

$$\frac{d\sum w_i r_i^2}{d\boldsymbol{b}} = \mathbf{0}$$

すなわち

$$\sum_{i=1}^{n} w_i r_i \boldsymbol{x}_i = \mathbf{0}$$

の解でなければならないからである．

（1.10）式は

$$\sum (Y_i - \boldsymbol{x}_i'\hat{\boldsymbol{\beta}}_{\mathrm{M}}) w_i \boldsymbol{x}_i = \mathbf{0} \tag{1.11}$$

すなわち

$$\sum_{i=1}^{n} \boldsymbol{x}_i w_i \boldsymbol{x}_i'\hat{\boldsymbol{\beta}}_{\mathrm{M}} = \sum_{i=1}^{n} \boldsymbol{x}_i w_i Y_i \tag{1.12}$$

と表すこともできる．行列で表せば，（1.12）式は次のような加重最小2乗法の正規方程式を与える．

$$\boldsymbol{X}'\boldsymbol{W}\boldsymbol{X}\hat{\boldsymbol{\beta}}_{\mathrm{M}} = \boldsymbol{X}'\boldsymbol{W}\boldsymbol{y} \tag{1.13}$$

ここで $\boldsymbol{X}$ は $n \times k$，$\boldsymbol{y}$ は $n \times 1$，$\hat{\boldsymbol{\beta}}_{\mathrm{M}}$ は $k \times 1$，$\boldsymbol{W}$ は

$$\boldsymbol{W} = \begin{bmatrix} w_1 & & & \mathbf{0} \\ & w_2 & & \\ & & \ddots & \\ \mathbf{0} & & & w_n \end{bmatrix} = \mathrm{diag}\{w_i\}$$

によって与えられる $n \times n$ の対角行列である．

（1.13）式より

$$\hat{\boldsymbol{\beta}}_{\mathrm{M}} = (\boldsymbol{X}'\boldsymbol{W}\boldsymbol{X})^{-1}\boldsymbol{X}'\boldsymbol{W}\boldsymbol{y} \tag{1.14}$$

が得られる．すなわち，Ψ 関数を用いる $\boldsymbol{\beta}$ の M 推定量はウエイト w_i が（1.9）式によって与えられる WLSE として求めることができる．

1.2.3 WLSE の期待値

回帰モデルを

$$\boldsymbol{y}=\boldsymbol{X\beta}+\boldsymbol{\varepsilon} \tag{1.15}$$
$$E(\boldsymbol{\varepsilon})=\boldsymbol{0}$$
$$E(\boldsymbol{\varepsilon\varepsilon}')=\sigma^2\boldsymbol{W}^{-1}$$
$$\boldsymbol{W}=\mathrm{diag}\{w_i\},\quad i=1,\cdots,n$$
$$\boldsymbol{X}\text{ は所与}$$
$$\mathrm{rank}(\boldsymbol{X})=k<n$$

とする．ここで $\boldsymbol{y}$ は $n\times1$，$\boldsymbol{X}$ は $n\times k$，$\boldsymbol{\beta}$ は $k\times1$，$\boldsymbol{\varepsilon}$ は $n\times1$ である．

この回帰モデルの $\boldsymbol{\beta}$ の WLSE は一般化最小2乗推定量(GLSE)として得られる．(1.15) 式の両辺に左から $\boldsymbol{W}^{\frac{1}{2}}$ を掛け

$$\boldsymbol{y}^*=\boldsymbol{W}^{\frac{1}{2}}\boldsymbol{y},\quad \boldsymbol{X}^*=\boldsymbol{W}^{\frac{1}{2}}\boldsymbol{X},\quad \boldsymbol{\varepsilon}^*=\boldsymbol{W}^{\frac{1}{2}}\boldsymbol{\varepsilon}$$

とおくと，(1.15) 式は

$$\boldsymbol{y}^*=\boldsymbol{X}^*\boldsymbol{\beta}+\boldsymbol{\varepsilon}^* \tag{1.16}$$

となる．$\boldsymbol{W}$ が確率変数でなければ

$$E(\boldsymbol{\varepsilon}^*)=\boldsymbol{W}^{\frac{1}{2}}E(\boldsymbol{\varepsilon})=\boldsymbol{0}$$

$$E(\boldsymbol{\varepsilon}^*\boldsymbol{\varepsilon}^{*\prime})=\boldsymbol{W}^{\frac{1}{2}}E(\boldsymbol{\varepsilon\varepsilon}')\boldsymbol{W}^{\frac{1}{2}}=\sigma^2\boldsymbol{W}^{\frac{1}{2}}\boldsymbol{W}^{-1}\boldsymbol{W}^{\frac{1}{2}}=\sigma^2\boldsymbol{I}$$

であるから，$\boldsymbol{\beta}$ の WLSE を $\hat{\boldsymbol{\beta}}_{\mathrm{W}}$ とすると

$$\hat{\boldsymbol{\beta}}_{\mathrm{W}}=(\boldsymbol{X}^{*\prime}\boldsymbol{X}^*)^{-1}\boldsymbol{X}^{*\prime}\boldsymbol{y}^*=(\boldsymbol{X}'\boldsymbol{W}\boldsymbol{X})^{-1}\boldsymbol{X}'\boldsymbol{W}\boldsymbol{y} \tag{1.17}$$

は $\boldsymbol{\beta}$ の GLSE であり，最良線形不偏推定量 best linear unbiased estimator (BLUE) である．

加重最小2乗法において，σ^2 の不偏推定量は

$$s_{\mathrm{W}}^2=\frac{(\boldsymbol{y}^*-\boldsymbol{X}^*\hat{\boldsymbol{\beta}}_{\mathrm{W}})'(\boldsymbol{y}^*-\boldsymbol{X}^*\hat{\boldsymbol{\beta}}_{\mathrm{W}})}{n-k}=\frac{(\boldsymbol{y}-\boldsymbol{X}\hat{\boldsymbol{\beta}}_{\mathrm{W}})'\boldsymbol{W}(\boldsymbol{y}-\boldsymbol{X}\hat{\boldsymbol{\beta}}_{\mathrm{W}})}{n-k}$$

$$=\frac{\sum_{i=1}^{n}w_i(Y_i-\boldsymbol{x}_i'\hat{\boldsymbol{\beta}}_{\mathrm{W}})^2}{n-k} \tag{1.18}$$

によって与えられる．$\boldsymbol{W}$ が確率変数でなければ

$$E(\hat{\boldsymbol{\beta}}_{\mathrm{W}})=(\boldsymbol{X}'\boldsymbol{W}\boldsymbol{X})^{-1}\boldsymbol{X}'\boldsymbol{W}(\boldsymbol{X\beta}+\boldsymbol{\varepsilon})=\boldsymbol{\beta}+(\boldsymbol{X}'\boldsymbol{W}\boldsymbol{X})^{-1}\boldsymbol{X}'\boldsymbol{W}E(\boldsymbol{\varepsilon})=\boldsymbol{0} \tag{1.19}$$

であるから

$$\mathrm{var}(\hat{\boldsymbol{\beta}}_{\mathrm{W}})=\sigma^2(\boldsymbol{X}'\boldsymbol{W}\boldsymbol{X})^{-1} \tag{1.20}$$

となり

$$V(\hat{\boldsymbol{\beta}}_{\mathrm{W}})=s_{\mathrm{W}}^2(\boldsymbol{X}'\boldsymbol{W}\boldsymbol{X})^{-1} \tag{1.21}$$

が $\mathrm{var}(\hat{\boldsymbol{\beta}}_{\mathrm{W}})$ の不偏推定量を与える.

しかし，OLS を除き，Ψ 関数を用いる M 推定量のウエイトは

$$w_i=\frac{\Psi(e_i)}{e_i},\quad i=1,\cdots,n$$

と，残差 e_i に依存するから，w_i したがって $\boldsymbol{W}$ は確率変数であり，$\hat{\boldsymbol{\beta}}_{\mathrm{M}}=\mathrm{GLSE}$ ではない.

1.2.4 加重最小 2 乗法の決定係数

(1.16) 式の $\boldsymbol{X}^*$ の第 1 列は $\sqrt{w_i}$, $i=1,\cdots,n$ であり．(1.16) 式は定数項のない回帰モデルとなるから，(1.16) 式の決定係数および自由度修正済み決定係数は以下の式で計算される.

$R^2=Y_i^*$ と $\hat{Y}_i^*=\boldsymbol{x}_i^{*\prime}\hat{\boldsymbol{\beta}}_{\mathrm{W}}$ の相関係数の 2 乗

$$\bar{R}^2=1-\frac{n-1}{n-k}(1-R^2)$$

1.2.5 $\boldsymbol{\beta}$ の WLSE と OLSE

(1.15) 式の $\boldsymbol{\beta}$ の OLSE を $\hat{\boldsymbol{\beta}}$ とすると

$$\hat{\boldsymbol{\beta}}=(\boldsymbol{X}'\boldsymbol{X})^{-1}\boldsymbol{X}'\boldsymbol{y} \tag{1.22}$$

である.

いま，w_i のみ $0\leq w_i\leq 1$ で，w_i 以外の $n-1$ 個の w はすべて 1 とする．このとき (1.17) 式は

$$\hat{\boldsymbol{\beta}}_{\mathrm{W}}(w_i)=\hat{\boldsymbol{\beta}}-\frac{(\boldsymbol{X}'\boldsymbol{X})^{-1}\boldsymbol{x}_i(1-w_i)e_i}{1-(1-w_i)h_{ii}},\quad i=1,\cdots,n \tag{1.23}$$

となる (証明は章末数学注参照).

ここで

$e_i=Y_i-\boldsymbol{x}_i'\hat{\boldsymbol{\beta}}$ は OLS の残差

$h_{ii}=$ ハット行列 $\boldsymbol{H}=\boldsymbol{X}(\boldsymbol{X}'\boldsymbol{X})^{-1}\boldsymbol{X}'$ の (i,i) 要素

である.

(1.23) 式で

(i) w_i も1，すなわちすべての $i=1, \cdots, n$ で $w_i=1$ のとき

$$\hat{\boldsymbol{\beta}}_{\mathrm{W}}(w_i)=\hat{\boldsymbol{\beta}} \qquad ((1.16)\text{ 式で } \boldsymbol{W}=\boldsymbol{I})$$

(ii) $w_i=0$ のとき（w_i 以外の $n-1$ 個の w は1）

$$\hat{\boldsymbol{\beta}}_{\mathrm{W}}(w_i)=\hat{\boldsymbol{\beta}}-\frac{(\boldsymbol{X}'\boldsymbol{X})^{-1}\boldsymbol{x}_i e_i}{1-h_{ii}}=\hat{\boldsymbol{\beta}}(i) \tag{1.24}$$

ここで

$\hat{\boldsymbol{\beta}}(i)=i$ 番目の観測値 Y_i，$\boldsymbol{x}_i$ を除いた，$n-1$ 個の観測値から得られる $\boldsymbol{\beta}$ の OLSE

である（証明は蓑谷（2007），pp. 286 参照）．

1.2.6 頑 健 回 帰

OLS のとき

$$\Psi(e_i)=e_i$$

であるから

$$w_i=\frac{\Psi(e_i)}{e_i}=1, \quad i=1, \cdots, n$$

である．すなわち加重回帰という観点からみれば，OLS はすべての残差に等ウエイト1を与える．残差が絶対値できわめて大きい値をとる外れ値 outlier と思われる場合であっても，OLS においては他の残差と同じウエイトが与えられる．

ところで頑健回帰推定とは，外れ値を検出し，外れ値のパラメータ推定値への影響を小さくしようとする方法であるから，加重回帰で考えれば，絶対値の大きな残差に対してはウエイトを小さくすればよい．ところが残差 e_i の大きさは被説明変数の単位に依存しているから，e_i の水準によって外れ値かどうかを判断することはできない．そこで e_i と同じ単位をもつ誤差項の標準偏差 σ で割り，標準化された残差 e_i/σ を考えると，σ は定数であるから（1.7）式は

$$\sum_{i=1}^{n}\Psi\left(\frac{e_i}{\sigma}\right)\boldsymbol{x}_i=\boldsymbol{0} \tag{1.25}$$

と同等である．$u_i=e_i/\sigma$ とおけば，上式は

$$\sum_{i=1}^{n}\Psi(u_i)\boldsymbol{x}_i=\boldsymbol{0} \tag{1.26}$$

に等しく，(1.26) 式は

$$w_i = \frac{\Psi(u_i)}{u_i} \tag{1.27}$$

とすれば

$$\sum_{i=1}^{n} w_i u_i \boldsymbol{x}_i = \mathbf{0} \tag{1.28}$$

と同等である．

頑健回帰推定の例としてHuberのΨをとりあげよう．HuberのΨ関数は次式で与えられる．

$$\Psi(u_i) = \begin{cases} u_i, & |u_i| \le H \\ H, & u_i > H \\ -H, & u_i < -H \end{cases} \tag{1.29}$$

損失関数ρで示せば次の関数である．

$$\rho(u_i) = \begin{cases} \dfrac{u_i^2}{2}, & |u_i| \le H \\ H|u_i| - \dfrac{H^2}{2}, & |u_i| > H \end{cases} \tag{1.30}$$

Huberの$\Psi(u_i)$と，OLSの$\Psi(u_i) = u_i$をグラフで示したのが**図1.1**，ウエイト関数が**図1.2**である．Hは調整定数tuning constantとよばれ，図1.1，1.2は$H = 1.345$のケースである．図からわかるように，OLSのΨが残差u_iに対して限界がないのに対して，HuberのΨはu_iが絶対値でHをこえる場合には，その影響をHで止めてしまうことがわかる．ウエイトで示せばHuberのΨは

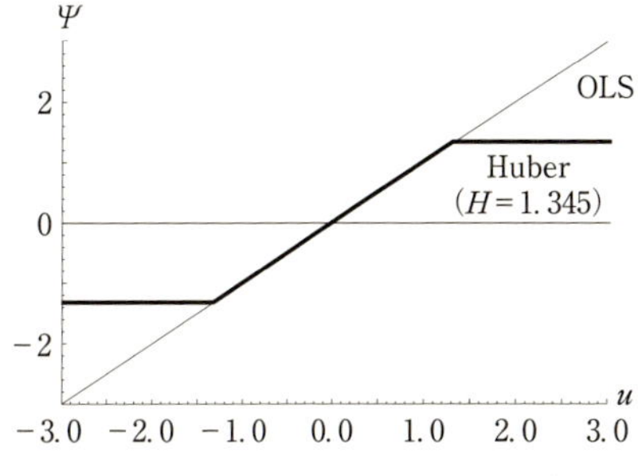

図1.1 OLSおよびHuberのΨ関数

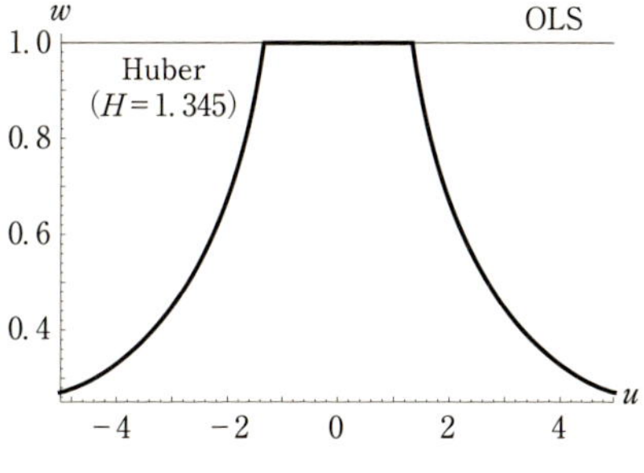

図1.2 OLSおよびHuberのウエイト関数

$$w_i=\begin{cases}1, & |u_i|\leq H\\ \dfrac{H}{|u_i|}, & |u_i|>H\end{cases} \tag{1.31}$$

というウエイトを与えるから，$|u_i|>H$ のとき，ウエイトは $H/|u_i|<1$ と1より小さくなる．

1.3 影響関数

1.3.1 影響関数

OLSは外れ値に対しても他の残差と同じウエイトを与え，外れ値に無防備であることはすでに述べた．推定量が観測値に対してどのように反応するかを調べる影響関数 influence function あるいは影響曲線 influence curve という概念がある．Hampel (1971)，(1974) によって導入された概念である．

この影響関数は，推定量の個々の観測値に対する感度 sensitivity を測ること，および推定量の漸近的分散を計算するという2つの目的をもっている．

$z_1, z_2, \cdots, z_n$ を分布関数 F からの無作為標本とし，パラメータ $T(F)$ の推定量を

$$T_n=T_n(z_1, z_2, \cdots, z_n)$$

としよう．そして F_n を n 個の $z_1, z_2, \cdots, z_n$ にもとづく経験的分布関数とする．また

$$T_n=T_n(z_1, z_2, \cdots, z_n)=T(F_n)$$

と表し

$$T(F_n)\xrightarrow[n\to\infty]{p}T(F)$$

とする．たとえば

$$T_n=\frac{1}{n}\sum_{i=1}^{n}z_i=\bar{z}$$

とすれば

$$T(F)=\int z dF(z)=E(Z)=\mu$$

$$T(F_n)=\int z dF_n(z)=\bar{z}$$

である．

このとき，きわめて大きな無作為標本に1個の観測点 z が追加される場合，T がどのような影響を受けるかは次の影響関数によって示される．

$$IC(z\,;F,T)=\lim_{\varepsilon\to 0}\frac{T[(1-\varepsilon)F+\varepsilon\delta_z]-T(F)}{\varepsilon} \tag{1.32}$$

ここで δ_z は z で1をとり，それ以外では0の値をとる分布関数である．この IC は有限標本における $T(F_n)$ への z の影響ではなく，無限標本における $T(F)$ への z の影響を示している．

分布関数 $F_\varepsilon=(1-\varepsilon)F+\varepsilon\delta_z$ は，ε が十分小さく0に近いときほとんど F に等しいが，点 z で追加的なウエイト $\varepsilon\delta_z$ をもっている．したがって，$T[(1-\varepsilon)F+\varepsilon\delta_z]-T(F)$ は，点 z における推定量 T_n の確率収束 T からのわずかな変化を示しており，IC は $\varepsilon=0$ で評価した $T(F_\varepsilon)$ の導関数，すなわち

$$\left.\frac{dT(F_\varepsilon)}{d\varepsilon}\right|_{\varepsilon=0}$$

である．

たとえば，$T_n=\bar{z}$ とすれば

$$T(F)=\mu=\int zdF(z)$$

であるから

$$dF_\varepsilon=(1-\varepsilon)dF+\varepsilon d\delta_z$$

に注意すれば

$$T\Big[(1-\varepsilon)F+\varepsilon\delta_z\Big]=\int(1-\varepsilon)zdF+\int\varepsilon zd\delta_z=(1-\varepsilon)\mu+\varepsilon z$$

したがって

$$IC(z\,;F,T)=\lim_{\varepsilon\to 0}\frac{(1-\varepsilon)\mu+\varepsilon z-\mu}{\varepsilon}=z-\mu \tag{1.33}$$

となり，F の z における小さな変化は推定量の大きな変化を，そして z が μ から離れれば離れるほど z の影響は大きく，しかも限界 bound のない変化を推定量 $\bar{z}$ に与える．

$T_n=s^2$ のときには

$$T(F)=\sigma^2=\int(z-\mu)^2dF(z)$$

であるから

$$T\left[(1-\varepsilon)F+\varepsilon\delta_z\right]=\int(1-\varepsilon)(z-\mu)^2dF+\int\varepsilon(z-\mu)^2d\delta_z$$
$$=(1-\varepsilon)\sigma^2+\varepsilon(z-\mu)^2$$

したがって

$$IC(z\,;F,T)=\lim_{\varepsilon\to 0}\frac{(1-\varepsilon)\sigma^2+\varepsilon(z-\mu)^2-\sigma^2}{\varepsilon}=(z-\mu)^2-\sigma^2 \tag{1.34}$$

となり，F の z における小さな変化は，やはり σ^2 の推定量 s^2 に限界のない，大きな変化をひきおこすことがわかる．

1.3.2 OLSE $\hat{\boldsymbol{\beta}}$ の影響関数

次に線形回帰モデル

$$\boldsymbol{y}=\boldsymbol{X\beta}+\boldsymbol{\varepsilon}$$

における $\boldsymbol{\beta}$ の最小 2 乗推定量 $\hat{\boldsymbol{\beta}}$ の影響関数を求めよう．ここで $\boldsymbol{y}$ は $n\times 1$ の被説明変数ベクトル，$\boldsymbol{X}$ は $n\times k$ の説明変数行列，$\boldsymbol{\beta}$ は $k\times 1$ のパラメータベクトル，$\boldsymbol{\varepsilon}$ は $n\times 1$ の誤差項ベクトルである．

$\boldsymbol{x}'$ を $1\times k$ のベクトル，Y を 1×1 のスカラーとし，分布関数 F のもとで

$$E_F(\boldsymbol{xx}')=\textstyle\sum_{XX}(F),\quad E_F(\boldsymbol{x}Y)=\textstyle\sum_{XY}(F)$$

とする．$T(F_n)=\hat{\boldsymbol{\beta}}(F_n)$ とすれば

$$T(F)=\boldsymbol{\beta}(F)=\textstyle\sum_{XX}^{-1}(F)\sum_{XY}(F)$$

で与えられるから，$\boldsymbol{\beta}$ の IC は次式となる．

$$IC\left[\boldsymbol{x}',Y\,;\boldsymbol{\beta}(F)\right]=\textstyle\sum_{XX}^{-1}(F)\boldsymbol{x}\{Y-\boldsymbol{x}'\boldsymbol{\beta}(F)\} \tag{1.35}$$

(1.35) 式は次のようにして得られる．

$$\boldsymbol{z}=(\boldsymbol{x}'\ \ Y)$$

とおく．このとき $\boldsymbol{\beta}(F)$ の影響関数は次式で定義される．

$$IC\left[\boldsymbol{z}'\,;F,\boldsymbol{\beta}(F)\right]=\lim_{\varepsilon\to 0}\frac{\boldsymbol{\beta}\{(1-\varepsilon)F+\varepsilon\delta_z\}-\boldsymbol{\beta}(F)}{\varepsilon}$$

上式の分子を評価しよう．

$$\boldsymbol{\beta}\left\{(1-\varepsilon)F+\varepsilon\delta_z\right\}=\boldsymbol{\beta}(F_\varepsilon)=\textstyle\sum_{XX}^{-1}(F_\varepsilon)\sum_{XY}(F_\varepsilon)$$
$$\textstyle\sum_{XX}(F_\varepsilon)=\sum_{XX}\left\{(1-\varepsilon)F+\varepsilon\delta_z\right\}$$

であり

$$E_F(\boldsymbol{x}\boldsymbol{x}') = \int \boldsymbol{x}\boldsymbol{x}' dF = \Sigma_{XX}(F)$$

であることに注意すれば次の結果を得る.

$$\begin{aligned} E_{F_\varepsilon}(\boldsymbol{x}\boldsymbol{x}') &= \int \boldsymbol{x}\boldsymbol{x}' dF_\varepsilon = \int \boldsymbol{x}\boldsymbol{x}' \left[(1-\varepsilon)\, dF + \varepsilon d\delta_z\right] \\ &= (1-\varepsilon) \int \boldsymbol{x}\boldsymbol{x}' dF + \varepsilon \int \boldsymbol{x}\boldsymbol{x}' d\delta_z \\ &= (1-\varepsilon) \Sigma_{XX}(F) + \varepsilon \boldsymbol{x}\boldsymbol{x}' \end{aligned}$$

同様に

$$E_F(\boldsymbol{x}Y) = \int \boldsymbol{x} Y dF = \Sigma_{XY}(F)$$

であるから

$$\begin{aligned} E_{F_\varepsilon}(\boldsymbol{x}Y) &= \int \boldsymbol{x} Y \left[(1-\varepsilon)\, dF + \varepsilon d\delta_z\right] \\ &= (1-\varepsilon) \int \boldsymbol{x} Y dF + \varepsilon \int \boldsymbol{x} Y d\delta_z \\ &= (1-\varepsilon) \Sigma_{XY}(F) + \varepsilon \boldsymbol{x} Y \end{aligned}$$

を得る. 結局次の結果が得られた.

$$\Sigma_{XX}(F_\varepsilon) = E_{F_\varepsilon}(\boldsymbol{x}\boldsymbol{x}') = (1-\varepsilon) \Sigma_{XX}(F) + \varepsilon \boldsymbol{x}\boldsymbol{x}'$$
$$\Sigma_{XY}(F_\varepsilon) = E_{F_\varepsilon}(\boldsymbol{x}Y) = (1-\varepsilon) \Sigma_{XY}(F) + \varepsilon \boldsymbol{x} Y$$

したがって

$$\Sigma_{XX}^{-1}(F_\varepsilon) = \frac{1}{1-\varepsilon} \left\{ \Sigma_{XX}(F) + \frac{\varepsilon}{1-\varepsilon} \boldsymbol{x}\boldsymbol{x}' \right\}^{-1}$$

となる. さらに本章の数学注にある $(\boldsymbol{A} - \boldsymbol{p}\boldsymbol{q}')^{-1}$ の式を用いて

$$\begin{aligned} &\left\{ \Sigma_{XX}(F) + \frac{\varepsilon}{1-\varepsilon} \boldsymbol{x}\boldsymbol{x}' \right\}^{-1} \\ &\quad = \Sigma_{XX}^{-1}(F) - \frac{\varepsilon}{1-\varepsilon} \Sigma_{XX}^{-1}(F) \boldsymbol{x} \left\{ 1 + \frac{\varepsilon}{1-\varepsilon} \boldsymbol{x}' \Sigma_{XX}^{-1}(F) \boldsymbol{x} \right\}^{-1} \boldsymbol{x}' \Sigma_{XX}^{-1}(F) \end{aligned}$$

と表すことができるから次式を得る.

$$\begin{aligned} &\Sigma_{XX}^{-1}(F_\varepsilon) \Sigma_{XY}(F_\varepsilon) \\ &\quad = \frac{1}{1-\varepsilon} \left[\Sigma_{XX}^{-1}(F) - \frac{\varepsilon}{1-\varepsilon} \Sigma_{XX}^{-1}(F) \boldsymbol{x} \left\{ 1 + \frac{\varepsilon}{1-\varepsilon} \boldsymbol{x}' \Sigma_{XX}^{-1}(F) \boldsymbol{x} \right\}^{-1} \boldsymbol{x}' \Sigma_{XX}^{-1}(F) \right] \\ &\qquad \cdot \left[(1-\varepsilon) \Sigma_{XY}(F) + \varepsilon \boldsymbol{x} Y \right] \end{aligned}$$

$$=\boldsymbol{\beta}(F)+\frac{\varepsilon}{1-\varepsilon}\Sigma_{XX}^{-1}(F)\boldsymbol{x}Y$$
$$-\frac{\varepsilon}{1-\varepsilon}\Sigma_{XX}^{-1}(F)\boldsymbol{x}\left\{1+\frac{\varepsilon}{1-\varepsilon}\boldsymbol{x}\Sigma_{XX}^{-1}(F)\boldsymbol{x}\right\}^{-1}\boldsymbol{x}'\boldsymbol{\beta}(F)$$
$$-\left(\frac{\varepsilon}{1-\varepsilon}\right)^2\Sigma_{XX}^{-1}(F)\boldsymbol{x}\left\{1+\frac{\varepsilon}{1-\varepsilon}\boldsymbol{x}'\Sigma_{XX}^{-1}(F)\boldsymbol{x}\right\}^{-1}\boldsymbol{x}'\Sigma_{XX}^{-1}(F)\boldsymbol{x}Y$$

そして

$$\lim_{\varepsilon\to 0}\left\{1+\frac{\varepsilon}{1-\varepsilon}\boldsymbol{x}'\Sigma_{XX}^{-1}(F)\boldsymbol{x}\right\}^{-1}=1$$

に注意すれば（1.35）式

$$IC=\Sigma_{XX}^{-1}(F)\boldsymbol{x}Y-\Sigma_{XX}^{-1}(F)\boldsymbol{x}\boldsymbol{x}'\boldsymbol{\beta}(F)$$
$$=\Sigma_{XX}^{-1}(F)\boldsymbol{x}\left[Y-\boldsymbol{x}'\boldsymbol{\beta}(F)\right]$$

が得られる．

$Y-\boldsymbol{x}'\boldsymbol{\beta}(F)$ に対応する標本概念は $Y-\boldsymbol{x}'\hat{\boldsymbol{\beta}}=e$ である．このことから $\boldsymbol{z}=(\boldsymbol{x}'\ Y)$ の $\hat{\boldsymbol{\beta}}$ への影響は，$\bar{z}$ や s^2 の場合と同じように，限界がないことがわかる．いいかえれば F の $\boldsymbol{z}$ における小さな変化の $\hat{\boldsymbol{\beta}}$ への影響は誤差 $Y-\boldsymbol{x}'\boldsymbol{\beta}(F)$（標本対応は残差 e）に比例的に現れ，しかも限界がない．

1.3.3 M推定量の影響関数

M推定量の影響関数は次式で与えられる（Huber and Ronchetti (2009), p. 47）．

$$IC(x;F,T)=\frac{\Psi(x,T(F))}{-\int(\partial/\partial\theta)\left[\Psi(x;T(F))\right]dF(x)} \tag{1.36}$$

この結果で重要な点は影響関数は Ψ 関数に比例するという点である．すなわち

影響関数 = (定数) × Ψ 関数

という関係である．したがってM推定量の Ψ が影響関数とよばれることが多い．

とくに位置問題において Ψ が $\Psi(x;\theta)=\Psi(x-\theta)$ の形をしており

$$\int\Psi dF=0$$

のとき IC は次式のように表すことができる．

$$IC(x;F,T)=\frac{\Psi[x-T(F)]}{\int\Psi'[x-T(F)]dF(x)}=\frac{\Psi}{E(\Psi')} \tag{1.37}$$

(Hampel et al. (1986) p. 103).

線形回帰モデルのパラメータ $\boldsymbol{\beta}$ の M 推定量 $\hat{\boldsymbol{\beta}}_{\mathrm{M}}(F)$ の影響関数は次式で与えられる (Hampel et al. (1986) p. 316).

$$IC\left[(\boldsymbol{x}, Y); F, \boldsymbol{\beta}_{\mathrm{M}}(F)\right] = \Psi\left[Y - \boldsymbol{x}'\boldsymbol{\beta}_{\mathrm{M}}(F)\right]\boldsymbol{B}^{-1}\boldsymbol{x} \tag{1.38}$$

ここで

$$\boldsymbol{B} = \int \Psi'\left[Y - \boldsymbol{x}'\boldsymbol{\beta}_{\mathrm{M}}(F)\right]\boldsymbol{x}\boldsymbol{x}' dF(\boldsymbol{x}, Y)$$

M 推定量の影響関数 (1.38) 式は $\boldsymbol{\beta}$ の OLSE $\hat{\boldsymbol{\beta}}(F)$ の無限標本で評価された影響関数 (1.35) 式と比較することによって次の特徴をもっていることがわかる.

① $\hat{\boldsymbol{\beta}}(F)$ は残差 $Y - \boldsymbol{x}'\hat{\boldsymbol{\beta}}(F)$ に対して限界をもたないが, $\hat{\boldsymbol{\beta}}_{\mathrm{M}}(F)$ を用いる残差は Ψ によって限界をもつ.

② OLSのとき $\Psi(u) = u$ であるから $\Psi'(u) = 1$ となり, $\boldsymbol{B} = \sum_{XX}(F)$ となるが, M 推定においては $\Psi'(u) = 1$ ではなく, 次章の再下降 Ψ 関数のように, u の範囲によって $\Psi'(u) = 0$ となる Ψ 関数がほとんどである.

しかし (1.38) 式から

③ もし $\boldsymbol{x}$ に限界がなければ, $\boldsymbol{B}^{-1}\boldsymbol{x}$ は限界をもたず, したがって Ψ が大きな残差に限界を画しても, $\hat{\boldsymbol{\beta}}_{\mathrm{M}}$ の IC は限界をもたない. 有限標本の観測値の世界で $\boldsymbol{x}$ が無限に大きくなっていくことはないが, X 方向の誤差 (高い作用点 high leverage point) からの影響に M 推定量は頑健でない. 有界影響推定および S 推定の必要性はこの点にある.

例として確率変数 u の真のモデルが標準正規分布に従っているとき, Huber の Ψ 関数による M 推定量の影響関数を求めよう. Huber の Ψ は

$$\Psi(u) = \begin{cases} u, & |u| \leq H \\ H, & u > H \\ -H, & u < -H \end{cases}$$

したがって

$$\Psi'(u) = \begin{cases} 1, & |u| \leq H \\ 0, & |u| > H \end{cases}$$

であるから

$$E(\Psi') = \int_{-H}^{H} \frac{1}{\sqrt{2\pi}} e^{-\frac{u^2}{2}} du = 1 - 2\Phi(-H) \tag{1.39}$$

が得られる．

したがって Huber の Ψ による M 推定量の影響関数は次式で与えられる．

$$IC=\begin{cases}\dfrac{u}{1-2\Phi(-H)}, & |u|\leq H\\ \dfrac{H}{1-2\Phi(-H)}, & u>H\\ \dfrac{-H}{1-2\Phi(-H)}, & u<-H\end{cases} \tag{1.40}$$

$|u|>H$ のとき IC の値は一定となる．$H=1.345$ のとき $\Phi(-H)=0.089312$ であるから，$u>H$ のとき $IC=1.6375$，$u<-H$ のとき $IC=-1.6375$ である．

1.4　M 推定量の不偏性と漸近的特性

Ψ が奇関数

$$\Psi(-u)=-\Psi(u)$$

で，分布 F が中心 T のまわりで対称ならば

$$\sum_{i=1}^{n}\Psi\left(\frac{X_i-T_n}{\sigma}\right)=0$$

の解である M 推定量 T_n は T の不偏推定量である（Goodall（1983）p. 364）．

たとえば前述の Huber の Ψ は奇関数であり，X の分布が正規分布ならば，正規分布は μ を中心に左右対称であるから，Huber の Ψ を用いる μ の M 推定量は不偏性をもつ．

真の分布が F であるときのパラメータ $T(F)$ の M 推定量 T_n は

$$\sqrt{n}\left[T_n-T(F)\right]\xrightarrow{d}N\left[0,\ V(T,F)\right] \tag{1.41}$$

$$V(T,F)=\int IC(x;T,F)^2dF(x) \tag{1.42}$$

と，漸近的に正規分布をし，その分散 $V(T,F)$ は影響関数を用いて（1.42）式のように表すことができる（Huber and Ronchetti（2009）p. 47, Hampel et al.（1986）p. 85）．

IC が（1.36）式のように表すことができる場合には，T_n の漸近的分散は

$$V(T,F)=\frac{E(\Psi^2)}{[E(\Psi')]^2} \tag{1.43}$$

となる．標準正規分布のとき，この値は 1 である．

回帰モデルを

$$Y_i = \boldsymbol{x}_i'\boldsymbol{\beta} + \varepsilon_i, \quad i = 1, \cdots, n \tag{1.44}$$
$$\varepsilon_i \sim \text{iid}(0, \sigma^2)$$

としよう．

$$u_i = \frac{\varepsilon_i}{\sigma} \sim \text{iid}(0, 1)$$

である．

$$\hat{\boldsymbol{\beta}}_{\text{M}} = \boldsymbol{\beta} \text{ の M 推定量}$$
$$\hat{\sigma} = \sigma \text{ の推定量，} \quad \underset{n\to\infty}{\text{plim}}\ \hat{\sigma} = \sigma$$
$$e_i = Y_i - \boldsymbol{x}_i'\hat{\boldsymbol{\beta}}_{\text{M}}$$
$$\hat{u}_i = \frac{e_i}{\hat{\sigma}}$$
$$i = 1, \cdots, n$$

とすると，$\hat{\boldsymbol{\beta}}_{\text{M}}$ は

$$\sum_{i=1}^{n} \Psi(\hat{u}_i)\boldsymbol{x}_i = \boldsymbol{0}$$

の解として得られる．

この $\hat{\boldsymbol{\beta}}_{\text{M}}$ も漸近的に正規分布する．

$$\sqrt{n}\,(\hat{\boldsymbol{\beta}}_{\text{M}} - \boldsymbol{\beta}) \xrightarrow{d} N\left(\boldsymbol{0},\ v\boldsymbol{\Sigma}_{XX}^{-1}\right) \tag{1.45}$$

ここで

$$v = \sigma^2 \frac{E[\Psi^2(u)]}{\{E[\Psi'(u)]\}^2}$$
$$\Sigma_{XX} = E(\boldsymbol{x}\boldsymbol{x}')$$

である（Yohai and Maronna (1979), Maronna et al. (2006), p. 124）．

(1.45) 式の分散の推定量は次のようにして求めることができる．

$$E\left[\Psi'(u)\right] \text{ は } \frac{1}{n}\sum_{i=1}^{n} \Psi'(\hat{u}_i) \tag{1.46}$$

$$E\left[\Psi^2(u)\right] \text{ は } \frac{1}{n}\sum_{i=1}^{n} \Psi^2(\hat{u}_i) \tag{1.47}$$

によって推定すれば

$$\hat{v}=\hat{\sigma}^2\frac{n\left[\sum_{i=1}^{n}\Psi^2(\hat{u}_i)\right]}{\left[\sum_{i=1}^{n}\Psi'(\hat{u}_i)\right]^2} \tag{1.48}$$

が v の推定量を与える．そして

$$\boldsymbol{\Sigma}_{XX}=E(\boldsymbol{xx}') \quad \text{は} \quad \frac{1}{n}(\boldsymbol{X}'\boldsymbol{X})$$

によって推定できるから

$$v\boldsymbol{\Sigma}_{XX}^{-1}\text{の推定量}=n\hat{v}(\boldsymbol{X}'\boldsymbol{X})^{-1}$$

となる．したがって，n が十分大きいとき，近似的に

$$\hat{\boldsymbol{\beta}}_{\mathrm{M}} \xrightarrow{d} N\left(\boldsymbol{\beta}, \hat{v}(\boldsymbol{X}'\boldsymbol{X})^{-1}\right) \tag{1.49}$$

が成り立つ．

e_i を規準化して $\hat{u}_i=e_i/\hat{\sigma}$ を求めるためにも，$\hat{v}$ を求めるためにも，局外パラメータとはいえ，頑健回帰推定に大きく影響するのが $\hat{\sigma}$ である．σ の推定量 $\hat{\sigma}$ をいかにして求めるかが大きな問題である．

モデルの真の分布が標準正規分布のとき，Huber の Ψ による M 推定量の漸近的分散を（1.43）式を用いて求めよう．

$$E(\Psi^2)=\int_{-H}^{H}u^2\frac{1}{\sqrt{2\pi}}e^{-\frac{u^2}{2}}du+\int_{-\infty}^{-H}H^2\frac{1}{\sqrt{2\pi}}e^{-\frac{u^2}{2}}du+\int_{H}^{\infty}H^2\frac{1}{\sqrt{2\pi}}e^{-\frac{u^2}{2}}du$$

そして

$$\int_{-H}^{H}\frac{u^2}{\sqrt{2\pi}}e^{-\frac{u^2}{2}}du=2\int_{0}^{H}\frac{u^2}{\sqrt{2\pi}}e^{-\frac{u^2}{2}}du$$

$$\int_{0}^{H}u^2e^{-\frac{u^2}{2}}du=-ue^{-\frac{u^2}{2}}\Big|_0^H+\int_0^H e^{-\frac{u^2}{2}}du=-He^{-\frac{H^2}{2}}+\int_0^H e^{-\frac{u^2}{2}}du$$

であるから

$$\begin{aligned}\int_{-H}^{H}\frac{u^2}{\sqrt{2\pi}}e^{-\frac{u^2}{2}}du&=-\frac{2H}{\sqrt{2\pi}}e^{-\frac{H^2}{2}}+\int_0^H\frac{2}{\sqrt{2\pi}}e^{-\frac{u^2}{2}}du\\&=-2H\phi(H)+1-2\Phi(-H)\end{aligned}$$

となる．したがって次式を得る．

$$E(\Psi^2)=-2H\phi(H)+1-2\Phi(-H)+2H^2\Phi(-H) \tag{1.50}$$

この結果と（1.39）式を用いて，真の分布 F が標準正規分布のときの Huber の Ψ の M 推定量の漸近的分散は次式となる．

$$V(T,F)=\frac{E(\Psi^2)}{[E(\Psi')]^2}=\frac{-2H\phi(H)+1-2\Phi(-H)+2H^2\Phi(-H)}{[1-2\Phi(-H)]^2} \tag{1.51}$$

標準正規分布の分散は1であるから，真の確率分布が正規分布のときの，Huber の Ψ による M 推定量 T_n の漸近的有効性 $AE(T_n)$ は次式で与えられる．

$$AE(T_n)=\frac{[1-2\Phi(-H)]^2}{-2H\phi(H)+1-2\Phi(-H)+2H^2\Phi(-H)} \tag{1.52}$$

図 1.1，1.2 で用いた $H=1.345$ は，この $AE(T_n)=0.95$（95% の漸近的有効性）を与える値である．

同様にして，線形回帰モデル（1.44）式で

$$\varepsilon_i \sim \mathrm{NID}(0,\sigma^2),\ i=1,\cdots,n$$

$$\boldsymbol{X}'=(\boldsymbol{x}_1,\boldsymbol{x}_2,\cdots,\boldsymbol{x}_n)\ \text{所与}$$

$$\mathrm{rank}(\boldsymbol{X})=k<n$$

の仮定が満たされるとき，β_j の OLSE $\hat{\beta}_j$ の分散は

$$\mathrm{var}(\hat{\beta}_j)=\sigma^2 q^{jj},\quad j=1,\cdots,k$$

であり，$\hat{\beta}_j$ は β_j の最小分散不偏推定量 minimum variance unbiased estimator (MVUE) であるから，β_j の M 推定量 $\hat{\beta}_{\mathrm{M}j}$ の漸近的有効性 $AE(\hat{\beta}_{\mathrm{M}j})$ は

$$AE(\hat{\beta}_{\mathrm{M}j})=\frac{\sigma^2 q^{jj}}{\sigma^2\dfrac{E(\Psi^2)}{[E(\Psi')]^2}q^{jj}}=\frac{[E(\Psi')]^2}{E(\Psi^2)} \tag{1.53}$$

$$j=1,2,\cdots,k$$

によって与えられる．ここで q^{jj} は $(\boldsymbol{X}'\boldsymbol{X})^{-1}$ の (j,j) 要素，$j=1,\cdots,k$ である．

1.5　Tukey の $\boldsymbol{\Psi}$ 関数

1.5.1　$\boldsymbol{\rho}$, $\boldsymbol{\Psi}$, $\boldsymbol{w}$

（1.27）式および図 1.1 からわかるように，Huber の Ψ 関数は $|u|>H$ のとき一定の値 H となる．本書はこのような Ψ 関数ではなく，奇関数 $\Psi(u)=-\Psi(-u)$ であり，$\Psi(0)=0$ を満たし，かつ再び 0 に戻る再下降 Ψ 関数 redescending Ψ function による頑健回帰推定を主として説明する．再下降 Ψ 関数のなかでも，もっとも使用例が多い，通常，Tukey の双加重 biweight ともよばれている Ψ 関数を考察しよう．Beaton and Tukey（1974）によって示された Ψ 関数であり，

損失関数 ρ，$\Psi(=\rho')$ 関数，ウエイト関数 $w=\Psi(u)/u$ は以下の通りである．

(1) 損失関数

$$\rho(u)=\begin{cases}\dfrac{B^2}{6}\left(1-\left[1-\left(\dfrac{u}{B}\right)^2\right]^3\right), & |u|\leq B\\ \dfrac{B^2}{6}, & |u|>B\end{cases} \tag{1.54}$$

(2) Ψ 関数

$$\Psi(u)=\begin{cases}u\left[1-\left(\dfrac{u}{B}\right)^2\right]^2, & |u|\leq B\\ 0, & |u|>B\end{cases} \tag{1.55}$$

(3) ウエイト関数

$$w(u)=\begin{cases}\left[1-\left(\dfrac{u}{B}\right)^2\right]^2, & |u|\leq B\\ 0, & |u|>B\end{cases} \tag{1.56}$$

$\rho(u)$，$\Psi(u)$，$w(u)$ のグラフはそれぞれ**図 1.3，1.4，1.5** に OLS の対応する関数とともに示されている．図 1.3，1.4，1.5 は調整定数 $B=4.691$ のケースである．$B=4.691$ は，モデルの誤差項の分布が正規分布のとき，Tukey の Ψ を用いる M 推定量が漸近的有効性（(1.53) 式）95% を与える値である．

1.5.2 影響関数

Tukey の Ψ 関数による M 推定量の影響関数は，やはり (1.37) 式になる．$\Psi'(u)$ は

$$\Psi'(u)=\begin{cases}\left[1-\left(\dfrac{u}{B}\right)^2\right]\left[1-5\left(\dfrac{u}{B}\right)^2\right], & |u|\leq B\\ 0, & |u|>B\end{cases} \tag{1.57}$$

となるから，u の分布関数 F が標準正規分布の分布関数 Φ のとき，u の pdf を ϕ とすると

$$E\left[\Psi'(u)\right]=2\left(1-\frac{6}{B^2}+\frac{15}{B^4}\right)\Phi(B)+\frac{2}{B}\left(1-\frac{15}{B^2}\right)\phi(B)+\frac{6}{B^2}-\frac{15}{B^4}-1 \tag{1.58}$$

となる．$E[\Psi'(u)]=P$ とおくと，Tukey の Ψ 関数による M 推定量の IC は次式になる．

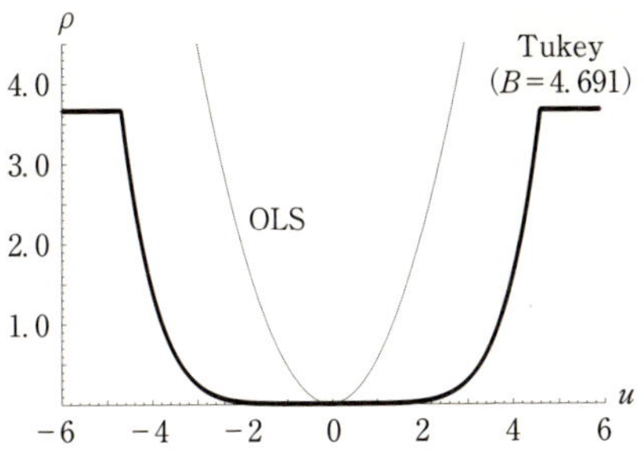

図 1.3 Tukey の ρ

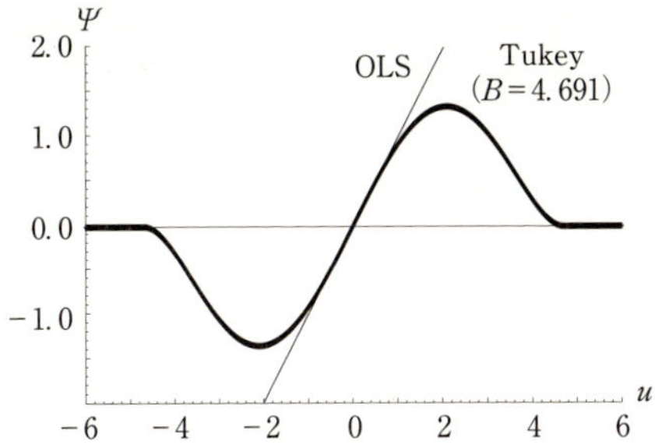

図 1.4 Tukey の Ψ

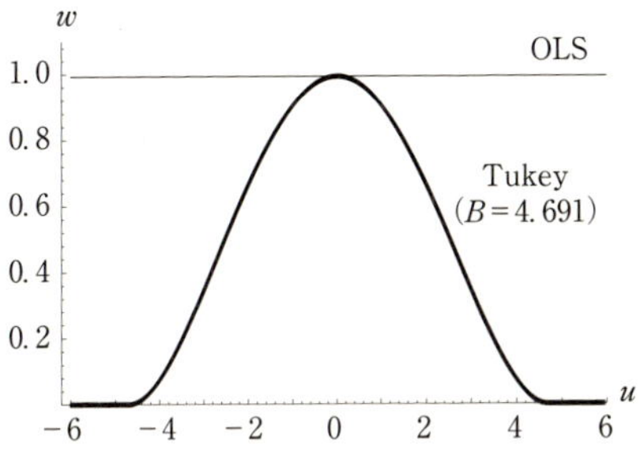

図 1.5 Tukey のウエイト

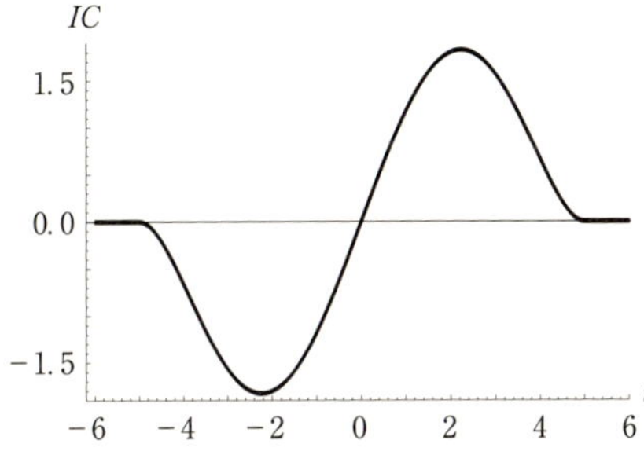

図 1.6 Tukey の Ψ の影響関数（$B=5.0$）

$$IC=\frac{\Psi(u)}{E[\Psi'(u)]}=\begin{cases} u\left[1-\left(\dfrac{u}{B}\right)^2\right]^2\Big/P, & |u|\le B \\ 0, & |u|>B \end{cases} \tag{1.59}$$

$B=5.0$ のときの IC のグラフが**図 1.6** である.

1.5.3 漸近的分散

u の真の分布が標準正規分布のとき，Tukey の Ψ による M 推定量の漸近的分散を（1.43）式によって求めよう.

$$\Psi^2(u)=\begin{cases} u^2\left[1-\left(\dfrac{u}{B}\right)^2\right]^4, & |u|\le B \\ 0, & |u|>B \end{cases} \tag{1.60}$$

であるから

$$E\left[\Psi^2(u)\right]=\int_{-B}^{B}u^2\left[1-\left(\frac{u}{B}\right)^2\right]^4\phi(u)\,du$$

表 1.1　Tukey の Ψ 関数による M 推定量の漸近的有効性，BDP，*GES*，*LSS*

調整定数 B	$Q=E(\Psi^2)$	$P=E(\Psi')$	$V=Q/P^2$	$EF=1/V$ (%)	BDP (%)	*GES*	*LSS*
1.548	0.0842655	0.1555105	3.48442179	28.70	50.00	9.954315	6.430436
1.756	0.1147955	0.2060239	2.70451596	36.98	45.00	8.523283	4.853806
1.988	0.1531441	0.2659644	2.16497694	46.19	40.00	7.474686	3.759902
2.252	0.2007661	0.3354516	1.78414714	56.05	35.00	6.713338	2.981056
2.561	0.2594791	0.4142620	1.51200122	66.14	30.00	6.182077	2.413931
2.937	0.3315535	0.5016546	1.31747961	75.90	25.00	5.854626	1.993403
3.421	0.4198820	0.5962922	1.18088864	84.68	20.00	5.737120	1.677030
3.883	0.4957515	0.6679797	1.11105996	90.00	16.38	5.813051	1.497052
4.096	0.5274816	0.6956411	1.09002592	91.74	15.00	5.888094	1.437523
4.691	0.6053006	0.7583102	1.05263398	95.00	11.92	6.186123	1.318722
5.183	0.6581612	0.7973878	1.03512581	96.61	10.00	6.499974	1.254095
7.041	0.7912742	0.8850761	1.01010329	99.00	5.70	7.955248	1.129846

は $\int_{-B}^{B} u^k \phi(u)\,du$ を計算すればよいが，$k=10$ まで必要になり，計算が煩瑣となるので，$\{E[\Psi'(u)]\}^2$ とともにロンバーグ数値積分を用いて，漸近的分散

$$V=\frac{E[\Psi^2(u)]}{\{E[\Psi'(u)]\}^2} \tag{1.61}$$

を求めた．**表 1.1** の V がこの値である（数値積分ロンバーグ Romberg に関しては長嶋（2001）参照）．表 1.1 の

$$P=E\left[\Psi'(u)\right],\quad Q=E\left[\Psi^2(u)\right],\quad V=\frac{Q}{P^2}$$

である．

M 推定量の漸近的有効性 EF は，$\hat{\beta}_{\mathrm{M}j}$ の場合も，(1.53) 式によって得られるから

$$EF=\frac{1}{V}=\frac{P^2}{Q} \tag{1.62}$$

として表 1.1 に示されている．表よりモデルの真の分布が正規分布のとき，Tukey の Ψ を用いる M 推定量（$\hat{\beta}_{\mathrm{M}j}$ も含めて）の漸近的有効性が 90% となるのは $B=3.883$，95% となるのは $B=4.691$，99% となるのは $B=7.041$ のときであることがわかる．

1.5.4　Tukey の Ψ 関数による M 推定量の特徴

再下降 Ψ 関数として実証分析において，もっともよく用いられている Tukey

のΨ関数によるM推定量の特徴を，OLSEと比較しながら，以下に示す．TukeyのΨにもとづくM推定量(あるいは推定法)を$ME(T)$と表すことにする．

① OLSも$ME(T)$も，損失関数ρでみるとuの正，負の値に対して対称的であるが，OLSの損失は限界なく大きくなり得る．しかし$ME(T)$はOLSと比較して，$|u|>B$のuに対して損失関数の値は一定になり，OLSのようにu^2に比例して大きくはならない．

② 同じことをΨでみれば，$|u|>B$のuに対して，uのパラメータ推定値への影響はOLSは限界がないが，$ME(T)$のΨ関数の値は0になる．

このことをΨ関数を評価する基準である総誤差感度gross error sensitivity（以下GESと略す），局所方向感度local shift sensitivity（以下LSSと略す）および排除点rejection pointを用いて説明すれば次のような特徴を$ME(T)$はもつ．

③ まずGESとは，汚染された観測値contaminated observationが，漸近的に，推定量T_nに与える最大の効果のことであり，次式で定義される．

$$GES=\sup_u \left|IC(u\,;F,\,T)\right|$$

$\sup_u |IC(u\,;F,\,T)|$とは任意のuに対して$|IC(u\,;F,\,T)|$が上に有界であるとき，その最小の値である．推定量はGESが有界であるときにのみ効率の頑健性robustness of efficiencyをもち，抵抗力をもつ（resistantである）．もしOLSによって得られる$\bar{X}$や$\hat{\boldsymbol{\beta}}$のようにGESが有界でなければ外れ値に対してその推定量は無防備であることを意味する．したがってGESが小さいほど頑健性は高い．

TukeyのΨに対するICは（1.59）式に示されており，この式より

$$\text{Tukeyの}\Psi\text{の}\ GES=\frac{\sqrt{0.2}\,(0.8)^2B}{P} \tag{1.63}$$

によって与えられ，有界である．これに対してOLSのGESは∞である．

④ 局所方向感度LSSとは次式で定義される．

$$LSS=\sup_{u_1\neq u_2}\frac{|IC(u_2)-IC(u_1)|}{|u_2-u_1|}$$

IC曲線が微分可能ならば，平均値の定理によって

$$IC(u_2)-IC(u_1)=IC'(u^*)\,(u_2-u_1)$$

であるから，LSSはIC曲線の最大の勾配である．すなわち

$$LSS = \sup_u |IC'(u)|$$

LSSが有界であれば高い抵抗力をもつ．しかしOLSによって得られる$\bar{X}$や$\hat{\boldsymbol{\beta}}$のLSSは1で有限の大きさをもつのに対して，中位数のようにLSSが∞という頑健推定量もあり，このLSS有界という基準を満たすことをΨに要求することはきわめて厳しい条件を課すことになる．TukeyのΨは（1.59）式のIC曲線から容易に分かるように次のLSSをもち，有界である．

$$\text{Tukey の } \Psi \text{ の } LSS = \frac{1}{P} \tag{1.64}$$

⑤　ある値B^*に対して，$|u|>B^*$のとき$\Psi(u)=0$となるならば，このB^*は排除点rejection pointとよばれる．絶対値でB^*をこえるuのパラメータ推定への影響は排除されるからである．排除点をもつΨ関数はきわめて大きな外れ値に対して防備されている．TukeyのΨはBが排除点である．ウエイト関数でいえば，$|u|>B$のuに対してウエイトは0になるという意味である．HuberのΨと比較せよ．

⑥　加重回帰という観点でみれば，OLSはすべてのuに等ウエイトを与え，$ME(T)$は$u=0$のときのみウエイト1であるが，$|u|\leq B$のときウエイトは1より小さくなる．$|u|>B$のときはウエイト0になる．

⑦　uの真の分布が正規分布であるとき，OLSは位置パラメータの最小分散不偏推定量（有効推定量）を与える．もし，このときΨ関数を用いる頑健推定を行えばM推定量の有効性はOLSEより低い．外れ値に対して頑健性をもち，かつ真の分布が正規分布のときにも推定量の有効性があまり低下しない頑健推定を行いたい．そのためには，TukeyのΨを用いるM推定量の有効性が，uの真の分布が標準正規分布のとき，どの程度変化するかを調べなくてはならない．

TukeyのΨを用いるM推定量の漸近的分散は（1.61）式，漸近的有効性は（1.62）式で与えられている．表1.1より調整定数$B=4.691$のとき$ME(T)$の漸近的有効性は0.95である．

以上の結果を用いて，真の分布が標準正規分布であるときTukeyのΨによるM推定量の

$$Q = E(\Psi^2)$$
$$P = E(\Psi')$$

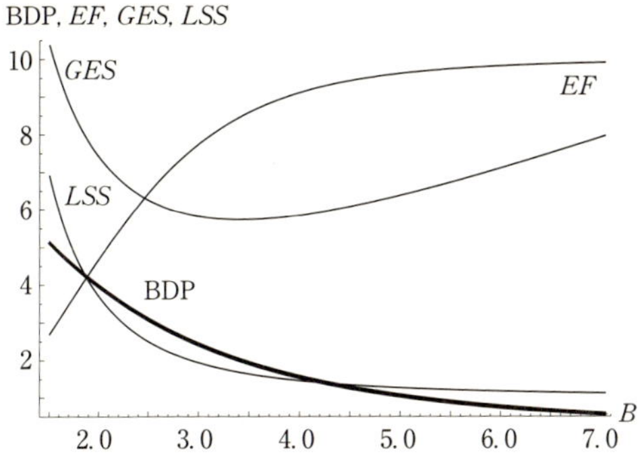

図 1.7　Tukey の Ψ 関数の EF, GES, BDP, LSS（真の分布が標準正規分布のとき）

漸近的分散 $V=\dfrac{Q}{P^2}$

漸近的有効性 $EF=\dfrac{1}{V}\times 10$

総誤差感度 $GES=\dfrac{\sqrt{0.2}\,(0.8)^2B}{P}$

局所方向感度 $LSS=\dfrac{1}{P}$

を，調整定数 B の関数として計算したのが表 1.1 であり，グラフは**図 1.7** である．BDP については後述する．図 1.7 で $EF=1/V$ に 10 を掛けたのは縦軸の目盛りに合わせたにすぎない．$(1/V)\times 100$ とすれば % 表示の有効性になる．

頑健性という観点からいえば GES の値は小さいほどよく，LSS は有界であればよい．真の分布が標準正規分布であるときの漸近的有効性 EF は 0.95 あるいは 0.99 あればよいと思われるが，図 1.7 より B が 3.419 を超えると GES と EF との間はトレード・オフの関係にあることがわかる．調整定数 B を大きくしていけば EF は高くなるが，B が 3.419 を超えると GES を大きくする．B の値は通常，漸近的有効性 0.95 を与える 4.691 が採用される．

1.6 崩　壊　点

推定量の頑健性を測る総誤差感度 GES，局所方向感度 LSS 以上によく用いられるのが崩壊点 breakdown point である．以下，BDP と略す．

推定量を無意味にさせる限界という意味をもつ崩壊点の漸近的な概念は Hodges（1967）が定義し，Hampel（1971）が一般化したが，この定義は漸近的特性であり，数学的厳密さが要求され，実際的ではなく，広く行き渡らなかった．有限標本において崩壊点の概念を明らかにしたのは Donoho and Huber（1983）であり，次のように定義される．

n 個の標本点を

$$Z=\left\{(\boldsymbol{x}_1', Y_1), \cdots, (\boldsymbol{x}_n', Y_n)\right\}$$

とし，Z から得られる $\boldsymbol{\beta}$ の推定量を $\hat{\boldsymbol{\beta}}(Z)$ とする．n 個の観測点のなかで m 個（$1 \leq m \leq n$）の観測点を任意の値（このなかに外れ値や高い作用点を含めることができる）にとりかえることによって得られる標本を Z' とする．この m 個の汚染 contamination，すなわち外れ値（あるいは高い作用点）によって推定量がどれぐらい変化するかは

$$\left\|\hat{\boldsymbol{\beta}}(Z') - \hat{\boldsymbol{\beta}}(Z)\right\|$$

によって表すことができる．この外れ値（あるいは高い作用点）によって生ずる最大の大きさを $\mathrm{bias}(m\,;\hat{\boldsymbol{\beta}}(Z))$ と書くと

$$\mathrm{bias}\left(m\,;\hat{\boldsymbol{\beta}}(Z)\right)=\sup_{Z'}\left\|\hat{\boldsymbol{\beta}}(Z') - \hat{\boldsymbol{\beta}}(Z)\right\| \tag{1.65}$$

である．上限 supremum はすべての可能な Z' に対してである．

もしこの $\mathrm{bias}(m\,;\hat{\boldsymbol{\beta}}(Z))$ が無限の大きさになるとすれば，m 個の外れ値（あるいは高い作用点）によって，$\hat{\boldsymbol{\beta}}(Z)$ は任意の値，すなわち推定値として無意味な値へと変化する．つまり推定値は崩壊 breakdown する．したがって標本 Z における推定量 $\hat{\boldsymbol{\beta}}(Z)$ の有限標本崩壊点は

$$\varepsilon_n^*\left(\hat{\boldsymbol{\beta}}(Z)\right)=\min\left\{\frac{m}{n}\,;\mathrm{bias}\left(m\,;\hat{\boldsymbol{\beta}}(Z)\right)\to\infty\right\} \tag{1.66}$$

と定義される．推定値をどのような値にもすることができる外れ値（あるいは作用点）の最小の割合 m/n が崩壊点である．

OLS は 1 個の外れ値によって $\hat{\boldsymbol{\beta}}(Z)$ を全く無意味な値にすることができるから，OLS の崩壊点は $1/n$ であり，$n\to\infty$ のとき 0 となる．このことを OLS の漸近的崩壊点は 0% であるという．OLS は外れ値にきわめて敏感であり，頑健でないということの崩壊点からの表現である．

▶例 1.1　OLS の実験

Chan (2001) は単純回帰で次のような実験を行い，1 個の外れ値によって回帰係数の OLSE が“崩壊”することを示している．実験データは**表 1.2** である．

【実験 1】

j を固定して，X_j が X_j+w に変化すると，単純回帰モデル

$$Y_i=\alpha+\beta X_i+\varepsilon_i,\quad i=1,\cdots,n$$

の β の OLSE は次式で与えられる．

$$\hat{\beta}=\frac{\sum_{i=1}^{n}(X_i-\bar{X})(Y_i-\bar{Y})+w(Y_j-\bar{Y})}{\sum_{i=1}^{n}(X_i-\bar{X})^2+w^2\left(1-\frac{1}{n}\right)+2w(X_j-\bar{X})} \tag{1.67}$$

$$\bar{X}=\frac{1}{n}\sum_{i=1}^{n}X_i \qquad (X_1,\cdots,X_n \text{ は変更前の元データ})$$

$$\bar{Y}=\frac{1}{n}\sum_{i=1}^{n}Y_i$$

(1.67) 式から $w\to\infty$ のとき $\hat{\beta}\to 0$ となる．

たとえば，表 1.2 のデータで $X_4=5.21+w$ とし，$w=0$ のとき

$$\underset{(-4.32)}{Y=-21.12}\ +\ \underset{(5.40)}{4.95X}$$

$$R^2=0.744,\quad s=1.33,\quad (\quad) \text{ 内は } t \text{ 値}$$

ハット行列の $h_{44}=0.0878$ である．$w=20$ のとき，$h_{44}=0.9947$

$$\hat{\alpha}=5.03(4.10)$$

$$\hat{\beta}=0.020(0.14)$$

$$R^2=0.002,\quad s=2.64$$

$w=100$ のとき，$h_{44}=0.9998$ と h_{ii} の上限 1 に近く

表 1.2　実験データ

i	X	Y	i	X	Y
1	4.70	3.0	7	5.91	9.0
2	5.00	3.0	8	5.22	3.0
3	5.20	4.0	9	5.30	7.0
4	5.21	5.0	10	5.92	6.0
5	5.90	10.0	11	5.60	6.0
6	4.71	2.0	12	5.01	4.0

出所：Chan (2001).

$$\hat{\alpha}=5.18(6.09)$$
$$\hat{\beta}=-0.00068(-0.025)$$
$$R^2=0.603\times10^{-4},\quad s=2.64$$

となる．$w=20$ ですでに X_4 は高い作用点である．

【実験 2】

j を固定して Y_j が Y_j+w に変化すると，β の OLSE は次式になる．

$$\hat{\beta}=\frac{\sum_{i=1}^{n}(X_i-\bar{X})(Y_i-\bar{Y})+w(X_j-\bar{X})}{\sum_{i=1}^{n}(X_i-\bar{X})^2} \tag{1.68}$$

この式から $X_j-\bar{X}>0$ ならば $w\to\infty$ のとき $\hat{\beta}\to\infty$, $X_j-\bar{X}<0$ ならば $\hat{\beta}\to-\infty$ となることがわかる．たとえば，表 1.2 のデータで $Y_5=10.0+w$ とすると，$X_5-\bar{X}=5.90-5.31>0$ であるから，$w=20$ のとき

$$\hat{\alpha}=-49.26(-2.14)$$
$$\hat{\beta}=10.57(2.45)$$
$$R^2=0.375,\quad s=6.27$$

$w=100$ のとき

$$\hat{\alpha}=-161.83(-1.57)$$
$$\hat{\beta}=33.04(1.71)$$
$$R^2=0.226,\quad s=28.10$$

となり，$\hat{\beta}$ は 4.95 から 33.04 へと大きく変化する．

(3.5) 式で定義されている a_i^2 は，$i=5$ のケースのみ示すと，$w=0$, 20, 100 のとき，それぞれ 20.1, 72.5, 74.9% となる．$w=20$, 100 のとき Y_5 は外れ値である．

M 推定量は，1.3.3 項で述べたように，Y 方向の誤差（外れ値）に対しては Ψ 関数によって限界が画されるが，X 方向の誤差（高い作用点）に対しては無防備である．わずか 1 個の高い作用点から，Ψ 関数を用いる OLS 以外の M 推定量も強い影響を受ける．例 1.1 で $X_4=5.21+w$, $w=20$, 100 はそのような高い作用点である（章末の注参照）．

M 推定量は高い作用点に対して頑健でないという点から有界影響推定が提唱された（3.4 節で説明する）．有界影響推定は一般化 M 推定 generalized M estimation（GM 推定）とよばれることもある．しかしこの GM 推定の崩壊点も $1/k$（k は定数項を含む説明変数の数）を超えることはできず（Maronna, Bustos and Yohai（1979）），k が大きくなれば崩壊点は低くなり，頑健性は弱い．たとえば $k=4$ の重回帰のとき崩壊点は 25% を超えることはできない．

高い崩壊点をもつ頑健推定量が望まれた．期待し得る崩壊点の最善の値は 50% であろう．なぜなら 50% というのはデータの“良い”部分と“悪い”部分を区別不可能にする比率を意味するからである．50% の崩壊点をもち，Y 方向，X 方向いずれの誤差にも頑健な最小メジアン 2 乗推定（LMS）が Rousseeuw（1984）によって開発されたが漸近的有効性は低い．

1.7　崩壊点と調整定数

崩壊点 BDP が何 % になるかは，損失関数 ρ と調整定数の値に依存する．ρ が次の 2 つの条件

（R1）　ρ は対称，連続微分可能であり
　　$\rho(0)=0$ である．

（R2）　ρ は $[0, c]$ で単調増加，$[c, \infty]$ で一定となる $c>0$ が存在する．

を満たし，正規分布のもとでの ρ の期待値を $E_\Phi(\rho)$ とすると

$$\frac{E_\Phi(\rho)}{\rho(c)}=\lambda \tag{1.69}$$

となるように調整定数 c を選べば，漸近的崩壊点を $100\times\lambda\%$ とすることができる（Rousseeuw and Yohai（1984））．

（1.53）式および図 1.3 に示されている Tukey の ρ は（R1），（R2）の条件を満たし，$c=B$, $\rho(c)=B^2/6$ である．$\lambda=0.5$ のとき BDP 50% である．Tukey の ρ の $E_\Phi(\rho)$ は次式になる．

$$\begin{aligned}E_\Phi(\rho)=&\left[\Phi(B)-B\phi(B)-\frac{1}{2}\right]-\frac{1}{B^2}\left[3\Phi(B)-(B^3+3B)\phi(\mathrm{B})-\frac{3}{2}\right]\\&+\frac{1}{3B^4}\left[15\Phi(B)-(B^5+5B^3+15B)\phi(\mathrm{B})-\frac{15}{2}\right]+\frac{B^2}{3}\left[1-\Phi(B)\right]\end{aligned} \tag{1.70}$$

ここで

$$\Phi(\cdot) = \text{標準正規分布の分布関数 cdf}$$
$$\phi(\cdot) = \text{標準正規分布の確率密度関数 pdf}$$

である．

表1.1のBDPの欄に，%表示でBDP 50(5)10を与える（1.55）式の調整定数Bの値を読み取ることができる．BDP 50%を与える$B=1.548$である．しかしこのとき，真の分布が正規分布のとき，TukeyのΨを用いるM推定量の漸近的有効性は28.70%しかない．

1.8 σ の 推 定

通常，パラメータ推定において，回帰モデルの誤差項εの分散σ^2あるいは標準偏差σは局外パラメータである．しかし頑健回帰推定において，σの推定値によって残差は規準化され，この規準化残差によってウエイトが決まり，ウエイトの大きさにもとづいて，$w_i^{\frac{1}{2}}Y_i$, $w_i^{\frac{1}{2}}X_{ji}$, $i=1, \cdots, n$, $j=1, \cdots, k$と加重変数が計算され，加重最小2乗法によって回帰係数が推定される．したがって，頑健回帰推定においてσをいかにして推定するかはきわめて重要である．

σをOLSの残差e_iを用いて

$$s=\left(\frac{\sum e^2}{n-k}\right)^{\frac{1}{2}}$$

によって推定することは賢明ではない．なぜならば，1.3.1項で示したように

$$T_n = s^2 = \frac{\sum e^2}{n-k}$$

とすれば

$$T(F)=\sigma^2$$

であるが，（1.34）式に示されているように，追加された観測点zからのs^2の無限標本における影響関数は

$$IC(z\,;F,\,T)=(z-\mu)^2-\sigma^2$$

であるから，s^2はzから限界のない大きな影響を受ける推定量である．したがってs自身が外れ値から大きな影響を受けるから，このsをσの推定値として用い，残差を標準化することは好ましくない．

たとえば，例1.1の表1.2のデータでOLSのsは1.33であるが，$Y_5=10+10$

のときには $s=3.62$, $Y_5=10+100$ のとき $s=28.10$ と変化する.

σ の推定値も s ではなく外れ値に頑健な推定値を求めなければならない.

1.8.1 MAD

回帰モデルからの残差を e_i とすると, σ の頑健推定量として, 標本中位数からの平均絶対偏差 mean absolute deviation from sample median

$$AD=\frac{1}{n}\sum_{i=1}^{n}|e_i-M| \tag{1.71}$$

$$M=\underset{j}{\mathrm{median}}\,(e_j)$$

四分位数間範囲 inter-quartile range を用いて得られる

$$d=\frac{Q_3-Q_1}{1.349} \tag{1.72}$$

$$Q_j=\text{第}\, j\, \text{四分位数}$$

標本中位数からの絶対偏差の中位数 median absolute deviation from sample median（MAD と略される）を用いる

$$s_0=\frac{\mathrm{MAD}}{0.6745}=\frac{\mathrm{median}|e_i-M|}{0.6745} \tag{1.73}$$

がある.

$\varepsilon \sim N(0, \sigma^2)$ のとき

$$E(Q_1)=-0.6745\sigma,\quad E(Q_3)=0.6745\sigma$$

$$E(\mathrm{MAD})\approx 0.6745\sigma$$

であるから, σ の推定に（1.72）式,（1.73）式の分母の値が現れる.

これらの推定量はいずれも外れ値に対して頑健である. この 3 つの推定量のなかでシミュレーション結果は MAD を用いる M 推定量の優位を示しており（Andrews et al.（1972）p. 239), Holland and Welsch（1977), Hampel et al.（(1986), p. 105, p. 237）も MAD を位置パラメータの M 推定値を求めるときの σ の推定値として推奨している.

1.8.2 σ の M 推定

$z_1, \cdots, z_n$ は cdf $F(z)$ からの無作為標本, 位置 location パラメータ $T(F)$ の推定量を T_n, 尺度 scale パラメータ $s(F)$ の推定量を s_n とする. T_n および s_n が次

の2本の方程式を満たすとき，T_n, s_n は同時M推定量とよばれる．

$$\sum_{i=1}^{n}\Psi\left(\frac{z_i-T_n}{cs_n}\right)=0 \tag{1.74}$$

$$\sum_{i=1}^{n}\chi\left(\frac{z_i-T_n}{cs_n}\right)=0 \tag{1.75}$$

ここで Ψ は奇関数，χ は偶関数，c は調整定数である．このとき

$$\sqrt{n}\left[T_n-T(F)\right]\xrightarrow{d}N\left(0,A(F,T)\right) \tag{1.76}$$

が成り立つ．漸近的分散 $A(F,T)$ は次式で与えられる．

$$A(F,T)=\frac{c^2s^2(F)E\left\{\Psi^2\left[\frac{z-T(F)}{cs(F)}\right]\right\}}{E\left\{\Psi'\left[\frac{z-T(F)}{cs(F)}\right]\right\}^2} \tag{1.77}$$

(Hoaglin et al. (1983), p. 416).

回帰モデルの $\varepsilon_i\sim\text{iid}(0,\sigma^2)$ に適用しよう．ε_i の推定値は回帰モデルの残差である．最小2乗残差とは限らない．LMSの残差の場合もある．

$T(F)$ を $T_n=M=\underset{i}{\text{median}}(e_i)$ で推定し，$s(F)$ を $s_n=\text{MAD}$ で推定し

$$u_i=\frac{e_i-M}{c\text{MAD}},\quad i=1,\cdots,n$$

とおく．そして

$$E\left[\Psi^2(u)\right] を \frac{1}{n}\sum_{i=1}^{n}\Psi^2(u_i)$$

$$E\left[\Psi'(u)\right] を \frac{1}{n}\sum_{i=1}^{n}\Psi'(u_i)$$

によって推定すると，(1.77) 式 $A(F,T)$ の推定量として

$$s_T^2=\frac{n(c\text{MAD})^2\sum_{i=1}^{n}\Psi^2(u_i)}{\left[\sum_{i=1}^{n}\Psi'(u_i)\right]^2} \tag{1.78}$$

を得る．したがって σ の推定量は

$$s_T=\frac{\sqrt{n}\,(c\text{MAD})\left[\sum_{i=1}^{n}\Psi^2(u_i)\right]^{\frac{1}{2}}}{\left|\sum_{i=1}^{n}\Psi'(u_i)\right|} \tag{1.79}$$

となる．(1.79)式の s_T を Lax (1985)は A 推定量とよんでいる(Lax は $E[\Psi^2(u)]$ の推定量を n ではなく，$n-1$ で割っている)．

▶例 1.2　Tukey の Ψ 関数による σ の M 推定量

Tukey の Ψ 関数は (1.55) 式である．(1.55) 式で

$$v=\frac{u}{B}$$

とおくと，$\Psi(v)$ と $\Psi'(v)$ は次式になる．

$$\Psi(v)=\begin{cases} Bv(1-v^2)^2, & |v|\le 1 \\ 0, & |v|>1 \end{cases}$$

$$\Psi'(v)=\begin{cases} B(1-v^2)(1-5v^2), & |v|\le 1 \\ 0, & |v|>1 \end{cases}$$

したがって，(1.78) 式を用いて，Ψ 関数が Tukey の双加重のとき，σ^2 および σ の M 推定量は次式で与えられる．

$$s_{\mathrm{TKY}}^2=\frac{n(c\mathrm{MAD})^2\sum_{|v_i|\le 1}v_i^2(1-v_i^2)^4}{\left[\sum_{|v_i|\le 1}(1-v_i^2)(1-5v_i^2)\right]^2} \tag{1.80}$$

$$s_{\mathrm{TKY}}=\frac{\sqrt{n}\,(c\mathrm{MAD})\left[\sum_{|v_i|\le 1}v_i^2(1-v_i^2)^4\right]^{\frac{1}{2}}}{\left|\sum_{|v_i|\le 1}(1-v_i^2)(1-5v_i^2)\right|} \tag{1.81}$$

ここで

$$v_i=\frac{e_i-M}{c\mathrm{MAD}}$$

$e_i=$ 回帰モデルの残差

$$M=\underset{j}{\mathrm{median}}\,(e_j)$$

$$\mathrm{MAD}=\mathrm{median}\,|e_i-M|$$

$c=$ 調整定数

である．

$\varepsilon_i\sim\mathrm{NID}(0,\sigma^2)$ のとき，$E(\mathrm{MAD})\approx 0.6745\sigma$ である．$c=9$ とすれば，$9\times 0.6745\sigma\approx 6\sigma$ であるから，中位数からの偏差の絶対値が 6σ より大きい残差のウ

エイトを0にする．$c=6$ のとき $6\times 0.6745\sigma \fallingdotseq 4\sigma$ であるから，中位数からの偏差の絶対値が 4σ より大きい残差のウエイトを0にする（Hoaglin et al. (1983), p. 417）．

▶例 1.3　ベルギーの国際電話呼び出し回数

表 1.3 の X は 1950 年から 1973 年まで，Y はベルギーからの国際電話呼び出し回数（100 万回あたり 10）を示す．1964 年から 1969 年まで（#15 から #20 まで）の 6 個の Y の値は，この 6 年を除く年とはかなり乖離している．実際この期間は，記録システムの相違によって，回数ではなく通話の長さ（分）によって記録され，他の年とは異質なデータである．1963 年（#14）および 1970 年（#21）にも一部この記録システムの影響が出ている．

この記録システムの相違を無視して，24 年間の X, Y すべてを用いて OLS で

表 1.3　国際電話呼び出し回数

i	X	Y	i	X	Y	i	X	Y
1	50	0.44	9	58	1.06	17	66	14.20
2	51	0.47	10	59	1.20	18	67	15.90
3	52	0.47	11	60	1.35	19	68	18.20
4	53	0.59	12	61	1.49	20	69	21.20
5	54	0.66	13	62	1.61	21	70	4.30
6	55	0.73	14	63	2.12	22	71	2.40
7	56	0.81	15	64	11.90	23	72	2.70
8	57	0.88	16	65	12.40	24	73	2.90

出所：Rousseeuw and Yohai (1984).

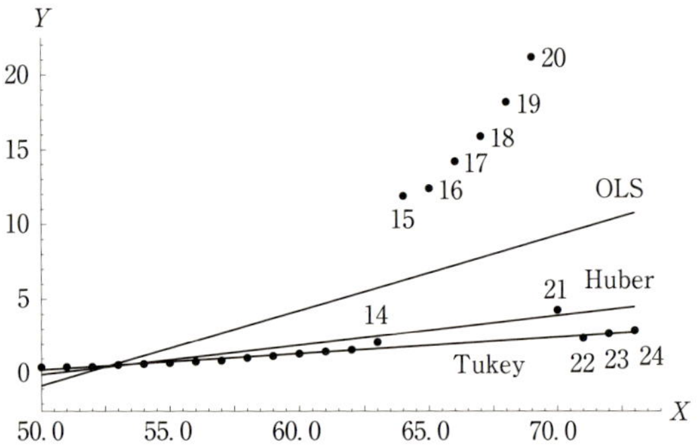

図 1.8　例 1.3 の散布図と OLS，Huber および Tukey の Ψ による M 推定の標本回帰線

表 1.4 (1.82) 式の推定結果 —— OLS, Huber の Ψ, Tukey の Ψ 関数による M 推定

推定法	定数項			X			R^2	s
	係数	標準偏差	t 値	係数	標準偏差	t 値		
OLS	−26.006	10.261	−2.54	0.504	0.166	3.04	0.296	5.622
Huber (s_0) (H=1.345)	−9.990	4.167	−2.40	0.199	0.070	2.84	0.025 (0.296)	
Tukey (s_0) (B=4.691)	−5.235	0.217	−24.15	0.110	0.364×10^{-2}	30.20	0.987 (0.296)	1.951
Tukey (s_{TKY}) (B=4.691)	−5.223	0.200	−26.08	0.110	0.337×10^{-2}	32.57	0.988 (0.296)	0.094

推定すると，OLS は #15 から #20 までの 6 個のデータに影響され，**図 1.8** に示したような結果をもたらす．

$$Y_i=\beta_1+\beta_2 X_i+\varepsilon_i,\quad i=1,\cdots,24 \tag{1.82}$$
$$\varepsilon_i\sim \mathrm{iid}(0,\sigma^2)$$

のモデルで β_2 の OLSE $\hat{\beta}_2$ は 0.504 である（表 1.4）．

表 1.3 のデータで Huber の Ψ および Tukey の Ψ による M 推定を行った．**表 1.4** の Tukey（s_0）の推定結果は以下の方法で求めた．

1）(1.82) 式の OLS 残差 e_i から ε の標準偏差 σ の頑健推定値 s_0（(1.73) 式）を求める．$s_0=3.60865$ である．

OLSE $\hat{\boldsymbol{\beta}}$ のノルムを

$$N_0=\left(\sum_{j=1}^{2}\hat{\beta}_j^2\right)^{\frac{1}{2}}$$

とする．

2）$\hat{u}_i=e_i/s_0$ と規準化し，調整定数 $B=4.691$（ε が正規分布のとき回帰係数の M 推定量の漸近的有効性 95% を与える）と設定する．(1.56) 式の u を $\hat{u}$ とみなし，ウエイト w_i を求め

$$Y_i^*=w_i^{\frac{1}{2}}Y_i,\quad X_{1i}^*=w_i^{\frac{1}{2}},\quad X_{2i}^*=w_i^{\frac{1}{2}}X_i$$
$$i=1,\cdots,n$$

を計算する．

3）加重最小 2 乗法

$$Y_i^*=\beta_{\mathrm{M1}}X_{1i}^*+\beta_{\mathrm{M2}}X_{2i}^*+\varepsilon_i^*$$

により $\hat{\beta}_{\mathrm{M}j}$, $j=1,2$ を求め，残差

$$r_i = Y_i - (\hat{\beta}_{M1} + \hat{\beta}_{M2} X_i), \quad i=1, \cdots, n$$

と，$\hat{\boldsymbol{\beta}}_M$ のノルム

$$N_1 = \left(\sum_{j=1}^{2} \hat{\beta}_{Mj}^2\right)^{\frac{1}{2}}$$

を計算する．

4) $\left|\dfrac{N_1 - N_0}{N_0}\right| \le \delta, \quad \delta = 0.0001$

が満たされるかどうかを調べ

NO $\Rightarrow N_0 = N_1, e_i = r_i$ とし，この e_i から新たに s_0 を計算し，

ステップ2へ戻る．

YES $\Rightarrow$ ストップ

この収束計算では，e_i が変われば s_0 も変化し，s_0 を固定していない．収束結果は表1.4のTukey（s_0）に示されており，β の推定値は0.110とOLSEとは大きく異なる．収束結果からの $s_0 = 0.17937$ となり，OLS残差からの s_0 とはやはり異なる．このような大きな相違は，**表1.5**のTukeyのウエイトの欄に示されているように，#15から#21まで7個のウエイトが0になったからである．図1.8でOLSとの相違にも注目されたい．

表1.4のTukey（s_{TKY}）は前述の計算のステップで，s_0 が σ のM推定（1.81）式の s_{TKY}（$c=6$），Huberは Ψ 関数がHuberの Ψ 関数（1.29）式（$H=1.345$），σ の推定は s_0 を用いていること以外は同じである．OLS残差からの $s_{TKY} = 5.05740$，収束結果の残差からの $s_{TKY} = 0.14776$ であった．Tukeyの Ψ 関数による β_j のM推定値は，s_{TKY} と s_0 の両ケースともほとんど同じである．Huberの

表1.5　M推定のウエイト

i	ウエイト		i	ウエイト		i	ウエイト	
	Tukey	Huber		Tukey	Huber		Tukey	Huber
1	0.91143	1	9	0.98191	1	17	0	0.091965
2	0.97239	1	10	0.99292	1	18	0	0.080987
3	0.99968	1	11	0.99972	1	19	0	0.069393
4	1	1	12	0.99886	1	20	0	0.058272
5	0.99536	1	13	0.99743	1	21	0	1
6	0.9818	1	14	0.54548	1	22	0.92088	0.59279
7	0.96589	1	15	0	0.11104	23	0.99875	0.62992
8	0.93722	1	16	0	0.10751	24	0.96544	0.63042

注：Tukeyは s_0 のケース．

Ψ 関数による M 推定は，収束結果の $s_0=0.75728$，ウエイトが 0 になることはない．Huber の Ψ のとき，表 1.5 に示されているように #15〜#20 までのウエイトはかなり小さくなるが，#21 のウエイトは 0 ではなく 1 である．したがって β_2 の M 推定値は 0.199 と Tukey の 0.110 とはかなり異なる．

表 1.4 の他の統計量についても説明しておこう．

(1) Huber, Tukey の M 推定の決定係数 R^2，たとえば，Tukey (s_0) の 0.987 は Y_i^* と $\hat{Y}_i^*=\sum_{j=1}^{2}\hat{\beta}_{Mj}X_{ji}^*$，$i=1, \cdots, n$ の相関係数の 2 乗である．この R^2 の下の( ) 内, たとえば 0.296 は Y_i と $\hat{Y}_i=\hat{\beta}_{M1}+\hat{\beta}_{M2}X_i$，$i=1, \cdots, n$ の相関係数の 2 乗である．

(2) M 推定における σ^2 の推定量 s^2 は

$$s^2=\frac{\sum_{i=1}^{n}w_i r_i^2}{n-k}=\frac{\sum_{i=1}^{n}e_i^{*2}}{n-k}$$

として求めている ((1.18) 式参照)．

ここで

$$r_i=Y_i-(\hat{\beta}_{M1}+\hat{\beta}_{M2}X_i)$$
$$e_i^*=Y_i^*-(\hat{\beta}_{M1}X_{1i}^*+\hat{\beta}_{M2}X_{2i}^*)$$
$$i=1, \cdots, n$$

である．表 1.4 の s はこの s^2 の平方根である．

(3) M 推定量 $\hat{\boldsymbol{\beta}}_M$ の共分散行列の推定値は

$$V(\hat{\boldsymbol{\beta}}_M)=s^2(\boldsymbol{X}'\boldsymbol{W}\boldsymbol{X})^{-1}=s^2(\boldsymbol{X}^{*\prime}\boldsymbol{X}^*)^{-1}$$

によって求めている ((1.21) 式参照)．$V(\hat{\boldsymbol{\beta}}_M)$ の (j, j) 要素を s_{Mj}^2 とすれば，$s_{Mj}=\sqrt{s_{Mj}^2}$ であり，表 1.4 の $\hat{\beta}_{Mj}$ の標準偏差はこの s_{Mj}，"t 値" は

$$t=\frac{\hat{\beta}_{Mj}}{s_{Mj}}$$

である．この "t 値" は t 分布はしない．漸近的に標準正規分布である．

●数学注 (1.23) 式の証明

回帰モデル (1.15) 式の $\boldsymbol{\beta}$ の OLSE を $\hat{\boldsymbol{\beta}}$，OLS 残差を $\boldsymbol{e}$ とすると

$$\hat{\boldsymbol{\beta}}=(\boldsymbol{X}'\boldsymbol{X})^{-1}\boldsymbol{X}'\boldsymbol{y} \quad (1)$$

$$\boldsymbol{y}=\boldsymbol{X}\hat{\boldsymbol{\beta}}+\boldsymbol{e} \quad (2)$$

と表すことができる．

$$\boldsymbol{W}=\mathrm{diag}\{w_i\},\quad i=1,\cdots,n$$

とし，$\boldsymbol{\beta}$ の加重最小２乗推定量を

$$\hat{\boldsymbol{\beta}}_{\mathrm{W}}=(\boldsymbol{X}'\boldsymbol{W}\boldsymbol{X})^{-1}\boldsymbol{X}'\boldsymbol{W}\boldsymbol{y} \tag{3}$$

とする．このとき

$$\begin{aligned}\hat{\boldsymbol{\beta}}_{\mathrm{W}}&=(\boldsymbol{X}'\boldsymbol{W}\boldsymbol{X})^{-1}\boldsymbol{X}'\boldsymbol{W}(\boldsymbol{X}\hat{\boldsymbol{\beta}}+\boldsymbol{e})\\&=\hat{\boldsymbol{\beta}}+(\boldsymbol{X}'\boldsymbol{W}\boldsymbol{X})^{-1}\boldsymbol{X}'\boldsymbol{W}\boldsymbol{e}\end{aligned} \tag{4}$$

の関係を得る．

$$\boldsymbol{X}'\boldsymbol{W}\boldsymbol{X}=\boldsymbol{X}'\Big[\boldsymbol{I}-(\boldsymbol{I}-\boldsymbol{W})\Big]\boldsymbol{X}=\boldsymbol{X}'\boldsymbol{X}-\boldsymbol{X}'(\boldsymbol{I}-\boldsymbol{W})\boldsymbol{X}$$

$$\begin{aligned}\boldsymbol{X}'(\boldsymbol{I}-\boldsymbol{W})\boldsymbol{X}&=(\boldsymbol{x}_1\ \cdots\ \boldsymbol{x}_n)\begin{bmatrix}1-w_1 & & \boldsymbol{0}\\ & \ddots & \\ \boldsymbol{0} & & 1-w_n\end{bmatrix}\begin{bmatrix}\boldsymbol{x}_1'\\ \vdots\\ \boldsymbol{x}_n'\end{bmatrix}\\&=\sum_{i=1}^{n}(1-w_i)\boldsymbol{x}_i\boldsymbol{x}_i' \qquad (\boldsymbol{x}_i\ \text{は}\ k\times 1)\end{aligned} \tag{5}$$

において，w_i のみ $0\leq w_i\leq 1$ で，残り $n-1$ 個の $w_j,\ j\neq i,\ j=1,\cdots,n$ は１のとき

$$\boldsymbol{X}'(\boldsymbol{I}-\boldsymbol{W})\boldsymbol{X}=(1-w_i)\boldsymbol{x}_i\boldsymbol{x}_i'$$

となる．このとき

$$(\boldsymbol{X}'\boldsymbol{W}\boldsymbol{X})^{-1}=\Big[\boldsymbol{X}'\boldsymbol{X}-(1-w_i)\boldsymbol{x}_i\boldsymbol{x}_i'\Big]^{-1}$$

に，次の式（$\boldsymbol{A}$ は $k\times k$，$\boldsymbol{p}$，$\boldsymbol{q}$ は $k\times 1$）

$$(\boldsymbol{A}-\boldsymbol{p}\boldsymbol{q}')^{-1}=\boldsymbol{A}^{-1}+\frac{\boldsymbol{A}^{-1}\boldsymbol{p}\boldsymbol{q}'\boldsymbol{A}^{-1}}{1-\boldsymbol{q}'\boldsymbol{A}^{-1}\boldsymbol{p}}$$

で $\boldsymbol{A}=\boldsymbol{X}'\boldsymbol{X}$，$\boldsymbol{p}=(1-w_i)\boldsymbol{x}_i$，$\boldsymbol{q}=\boldsymbol{x}_i$ とおくと

$$(\boldsymbol{X}'\boldsymbol{W}\boldsymbol{X})^{-1}=(\boldsymbol{X}'\boldsymbol{X})^{-1}+\frac{(\boldsymbol{X}'\boldsymbol{X})^{-1}(1-w_i)\boldsymbol{x}_i\boldsymbol{x}_i'(\boldsymbol{X}'\boldsymbol{X})^{-1}}{1-\boldsymbol{x}_i'(\boldsymbol{X}'\boldsymbol{X})^{-1}(1-w_i)\boldsymbol{x}_i} \tag{6}$$

となる．

他方，$\boldsymbol{X}'\boldsymbol{e}=\boldsymbol{0}$ であるから

$$\begin{aligned}\boldsymbol{X}'\boldsymbol{W}\boldsymbol{e}&=\boldsymbol{X}'\Big[\boldsymbol{I}-(\boldsymbol{I}-\boldsymbol{W})\Big]\boldsymbol{e}=-\boldsymbol{X}'(\boldsymbol{I}-\boldsymbol{W})\boldsymbol{e}\\&=-(\boldsymbol{x}_1\ \cdots\ \boldsymbol{x}_n)\begin{bmatrix}(1-w_1)e_1\\ \vdots\\ (1-w_n)e_n\end{bmatrix}=-\sum_{i=1}^{n}(1-w_i)\boldsymbol{x}_ie_i\end{aligned}$$

と表し，w_i のみ $0\leq w_i\leq 1$ で，残り $n-1$ 個の $w_j,\ j\neq i,\ j=1,\cdots,n$ は１のとき

$$\boldsymbol{X}'\boldsymbol{W}\boldsymbol{e}=-(1-w_i)\boldsymbol{x}_ie_i \tag{7}$$

となる．

ハット行列を

$$\boldsymbol{H}=\boldsymbol{X}(\boldsymbol{X}'\boldsymbol{X})^{-1}\boldsymbol{X}'$$

とすると，$\boldsymbol{H}$ の (i, i) 要素 h_{ii} は

$$h_{ii}=\boldsymbol{x}_i'(\boldsymbol{X}'\boldsymbol{X})^{-1}\boldsymbol{x}_i$$

である．

(6) 式，(7) 式を用いて，(4) 式右辺第 2 項は，前述の w_i のみ $0\leq w_i\leq 1$ の仮定のもとで

$$\begin{aligned}&(\boldsymbol{X}'\boldsymbol{W}\boldsymbol{X})^{-1}\boldsymbol{X}'\boldsymbol{W}\boldsymbol{e}\\&=\left[(\boldsymbol{X}'\boldsymbol{X})^{-1}+\frac{(\boldsymbol{X}'\boldsymbol{X})^{-1}(1-w_i)\boldsymbol{x}_i\boldsymbol{x}_i'(\boldsymbol{X}'\boldsymbol{X})^{-1}}{1-(1-w_i)h_{ii}}\right]\left[-(1-w_i)\boldsymbol{x}_ie_i\right]\\&=-\frac{(\boldsymbol{X}'\boldsymbol{X})^{-1}\boldsymbol{x}_i(1-w_i)e_i}{1-(1-w_i)h_{ii}}\end{aligned}$$

となるから，この結果を (4) 式右辺第 2 項へ代入し，(1.23) 式が得られる．

●注　例 1.1 の M 推定の例

表 1.4 の M 推定 Tukey (s_0) の例 1.1 への適用例を示そう．(　) 内は "t 値" である．

$X_4=5.21+20$ のとき

$$\hat{\alpha}=4.76(4.32),\quad \hat{\beta}=0.03(0.21)$$
$$R^2=0.165,\quad s=2.28$$

$X_4=5.21+100$ のとき

$$\hat{\alpha}=4.93(6.32),\quad \hat{\beta}=0.0014(0.058)$$
$$R^2=0.222,\quad s=2.29$$

となり，OLSE とは異なるが，Tukey (s_0) の係数推定値も，X 方向の外れ値 X_4 から強い影響を受けている．

これに対して，4.3 節で説明する 3 段階 S 推定は，上記 X_4 の 2 通りのケースとも，#4 のウエイトが 0 になり，$\hat{\alpha}$，$\hat{\beta}$ は 2 ケースとも，以下の同じ値になる．

$$\hat{\alpha}=-17.88(-4.02),\quad \hat{\beta}=4.28(5.08)$$
$$R^2=0.745,\quad s=1.08$$

すなわち，3 段階 S 推定は X 方向の外れ値にも頑健である．

2

再下降 Ψ 関数

2.1 は じ め に

本書の頑健回帰推定において用いる Ψ 関数は，$\Psi(0)=0$ であり，きわめて大きな外れ値に対しては，$|u|>c$ のとき再び $\Psi(u)=0$ となる再下降 Ψ 関数 redescending Ψ function である．

1章で示した Tukey の Ψ は再下降 Ψ 関数の代表的な例である．本章は Tukey の Ψ 以外の再下降 Ψ 関数を，損失関数，ウエイト関数とともに説明する．各 Ψ 関数の崩壊点と，モデルの真の分布が正規分布のとき回帰係数推定量の漸近的有効性 90%，95%，99% を与える調整定数の値も示す．

5章で述べる MM 推定の第2段階において，モデルの誤差項の標準偏差 σ の M 推定量を用いるので，Ψ 関数ごとに σ の M 推定量を与える式を示した．

本章で説明する再下降 Ψ 関数は以下の4関数である．

Andrews の Ψ（2.2節）
Collins の Ψ（2.3節）
Hampel の Ψ（2.4節）
双曲正接 Ψ（tanh）（2.5節）

2.2 Andrews の $\boldsymbol{\Psi}$ 関数

2.2.1 損失関数 $\boldsymbol{\rho}$，影響関数 $\boldsymbol{\Psi}$，ウエイト関数 $\boldsymbol{w}$

Tukey の Ψ とともに重要な再下降 Ψ 関数は，Andrews の Ψ 関数である（Andrews et al. (1972)）．Andrews の Ψ 関数による推定量は正弦波推定量 sine wave estimator とよばれることもある．

損失関数ρ，影響関数Ψ（$=\rho'$），ウエイト関数w（$=\Psi(u)/u$）は以下の式で与えられる．Aは調整定数である．

(1)　損失関数

$$\rho(u)=\begin{cases} A^2\left[1-\cos\left(\dfrac{u}{A}\right)\right], & |u|\leq\pi A \\ 2A^2, & |u|>\pi A \end{cases} \tag{2.1}$$

(2)　Ψ関数

$$\Psi(u)=\begin{cases} A\sin\left(\dfrac{u}{A}\right), & |u|\leq\pi A \\ 0, & |u|>\pi A \end{cases} \tag{2.2}$$

(3)　ウエイト関数

$$w(u)=\begin{cases} \left(\dfrac{u}{A}\right)^{-1}\sin\left(\dfrac{u}{A}\right), & |u|\leq\pi A \\ 0, & |u|>\pi A \end{cases} \tag{2.3}$$

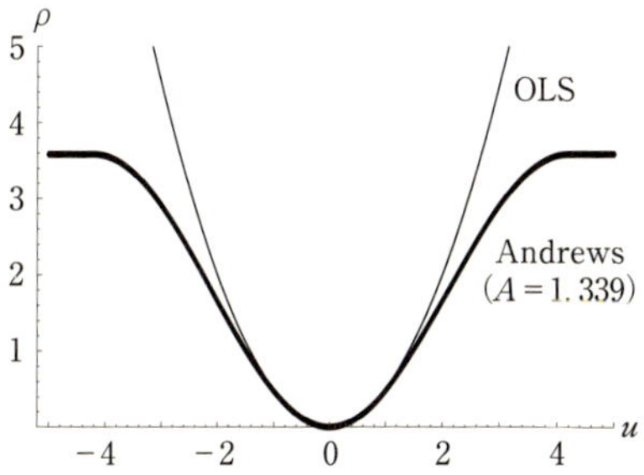

図2.1　Andrewsのρ

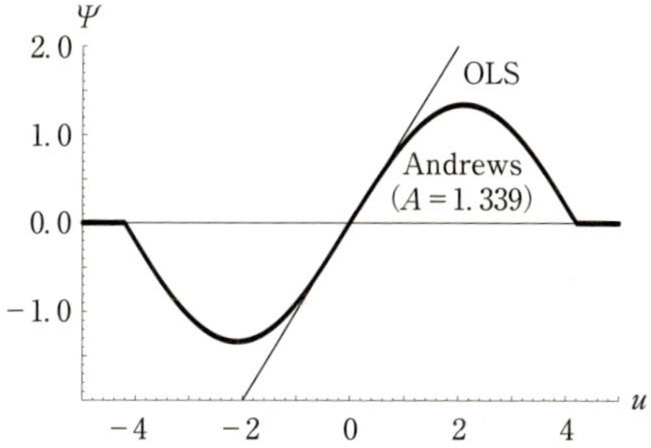

図2.2　AndrewsのΨ

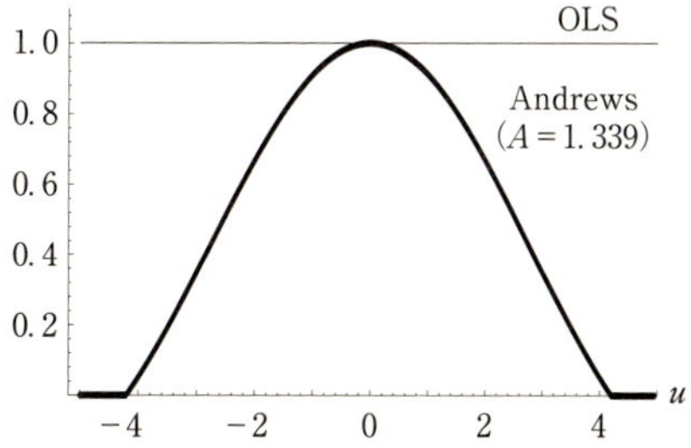

図2.3　Andrewsのw

$\rho(u)$, $\Psi(u)$, $w(u)$ のグラフはそれぞれ**図 2.1, 2.2, 2.3** に，$A=1.339$ の場合が示されている．$A=1.339$（このとき $\pi A \fallingdotseq 4.207$）は，誤差項の真の分布が正規分布のときにも，回帰係数推定量の漸近的有効性 95% を与える調整定数である．

2.2.2　崩壊点，漸近的有効性と調整定数

(2.1) 式の Andrews の ρ も 1.7 節で示した条件 (R1), (R2) を満たし，(R2) の $c=\pi A$ である．(1.69) 式から崩壊点 BDP が $100\times\lambda\%$ となる調整定数 A の値を求めることができる．

$$E_\Phi(\rho)=A^2\int_{-\pi A}^{\pi A}\left[1-\cos\left(\frac{u}{A}\right)\right]\phi(u)\,du+4A^2\left[1-\Phi(\pi A)\right]$$
$$\rho(c)=\rho(\pi A)=2A^2$$

において，積分はロンバーグ数値積分により，**表 2.1** の BDP 30(5)50% を与える調整定数 A の値が得られる．Tukey（表 1.1 にも示されている），次節の Collins も含め示した．BDP 50% を与える $A=0.450$, $\pi A \fallingdotseq 1.414$ である．

誤差項 u の真の分布が標準正規分布のとき，Andrews の Ψ による M 推定量の漸近的分散を (1.61) 式から求める．

表 2.1　崩壊点，調整定数および漸近的有効性

崩壊点 (%)	Tukey		Andrews	
	B	EF(%)	A	EF(%)
50	1.548	28.70	0.450	28.63
45	1.756	36.98	0.510	36.92
40	1.988	46.19	0.577	46.21
35	2.252	56.05	0.653	56.16
30	2.561	66.14	0.742	66.37

崩壊点 (%)	Collins, $r=1.5$			Collins, $r=2.0$		
	x_0	x_1	EF(%)	x_0	x_1	EF(%)
50	0.5005	1.044428	25.13	0.1980	0.483186	37.40
45	0.6722	1.336589	27.62	0.3888	0.733129	39.69
40	0.8471	1.688989	30.83	0.5812	0.972245	42.37
35	1.0300	2.181848	34.90	0.7808	1.229726	45.65
30	1.2275	3.087792	40.00	0.9944	1.534777	49.77

EF＝誤差項が正規分布のときの漸近的有効性．

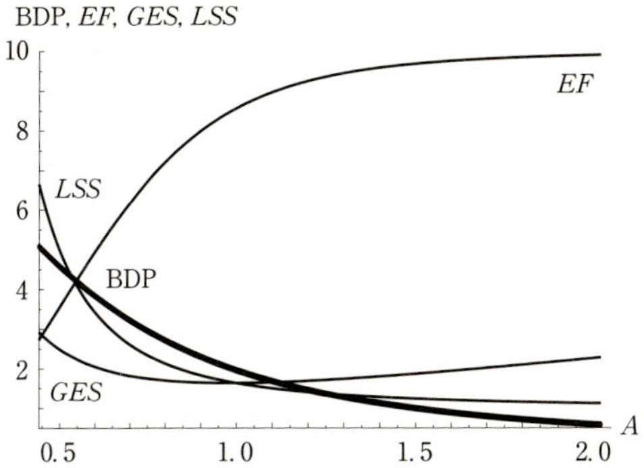

図 2.4　Andrewsの Ψ 関数の *EF*, *GES*, BDP, *LSS*（真の分布が標準正規分布のとき）

$$\Psi'(u)=\begin{cases}\cos\left(\dfrac{u}{A}\right), & |u|\leq\pi A\\ 0, & |u|>\pi A\end{cases} \tag{2.4}$$

$$\Psi^2(u)=\begin{cases}\mathrm{A}^2\sin^2\left(\dfrac{u}{A}\right), & |u|\leq\pi A\\ 0, & |u|>\pi A\end{cases} \tag{2.5}$$

の標準正規分布のもとでの期待値をそれぞれ P, Q とすると，P, Q ともにロンバーグ積分を用いて

$$\text{漸近的分散 } V=\frac{Q}{P^2}$$

$$\text{漸近的有効性 } EF=\frac{1}{V}$$

$$\text{総誤差感度 } GES=\frac{Q}{P}$$

$$\text{局所方向感度 } LSS=\frac{1}{P}$$

を求め，数値は省略したが，グラフが**図 2.4** に示されている．

漸近的有効性 90%，95%，99% を与える調整定数の値を，Huber，Tukey（表 1.1 にも示されている）と合わせ，**表 2.2** に示した．漸近的有効性 95% を与える $A=1.339$（$\pi A\fallingdotseq 4.207$）である．

表 2.2 漸近的有効性と調整定数

漸近的有効性	Huber	Tukey	Andrews
90%	0.982	3.883	1.112
95%	1.345	4.691	1.339
99%	2.010	7.041	2.017

2.2.3 σ の M 推定

Andrews の Ψ を用いるとき，回帰モデル（1.44）式の誤差項 $\varepsilon \sim \mathrm{iid}(0, \sigma^2)$ の σ^2 の M 推定量を（1.78）式により求める．

$v = u/\pi A$ とおくと，（2.2）式より

$$\Psi(v) = \begin{cases} A\sin(\pi v), & |v| \le 1 \\ 0, & |v| > 1 \end{cases}$$

$$\Psi'(v) = \begin{cases} A\pi\cos(\pi v), & |v| \le 1 \\ 0, & |v| > 1 \end{cases}$$

が得られる．

$$E\left[\Psi^2(v_i)\right] \quad は \quad \frac{1}{n}\sum_{|v_i|\le 1}\Psi^2(v_i) = \frac{A^2}{n}\sum_{|v_i|\le 1}\sin^2(\pi v_i),$$

$$E\left[\Psi'(v_i)\right] \quad は \quad \frac{1}{n}\sum_{|v_i|\le 1}\Psi'(v_i) = \frac{A\pi}{n}\sum_{|v_i|\le 1}\cos(\pi v_i)$$

によって推定し，回帰モデルの残差 e_i を用いて，上式の v_i は

$$v_i = \frac{e_i - M}{c\mathrm{MAD}} \tag{2.6}$$

とする．M, MAD は（1.80）式と同じである．調整定数 $c = 2.1\pi$ を Hoaglin et al.（1983）は p. 417 で奨めている．$c = 2.1\pi$ のとき

$$E(c\mathrm{MAD}) \fallingdotseq 2.1\pi \times 0.6745\sigma \fallingdotseq 4.45\sigma$$

であるから，中位数からの偏差の絶対値が 4.45σ より大きい残差のウエイトを 0 にする．$c = 1.9\pi$ とすれば $E(c\mathrm{MAD}) \fallingdotseq 4.03\sigma$ である．

（2.6）式の v_i と（1.78）式を用いて，Andrews の Ψ を用いる σ^2 の M 推定量は次式で与えられる．

$$s^2_{\mathrm{ADR}} = \frac{n(c\mathrm{MAD})^2 \sum_{|v_i|\le 1}\left[\sin^2(\pi v_i)\right]}{\pi^2\left[\sum_{|v_i|\le 1}\cos(\pi v_i)\right]^2} \tag{2.7}$$

したがって，標準偏差 σ の M 推定量は次式になる．

$$s_{\mathrm{ADR}}=\frac{\sqrt{n}\,(c\mathrm{MAD})\left[\sum_{|v_i|\le 1}\sin^2(\pi v_i)\right]^{\frac{1}{2}}}{\pi\left|\sum_{|v_i|\le 1}\cos(\pi v_i)\right|} \tag{2.8}$$

▶例 2.1　ベルギーの国際電話呼び出し回数

例 1.3 で示した同じ方法で，s_{ADR} を用いた Andrews の Ψ による（1.82）式の β_j の M 推定を示そう．Ψ 関数の調整定数 A は漸近的有効性 95% を与える 1.339，(2.8)式の調整定数 $c=2.1\pi$，例 1.3 の計算手順で s_0 ではなく s_{ADR} を用いている．

収束結果から得られる $s_{\mathrm{ADR}}=0.15170$ であった．Andrews の Ψ による推定結果は次の通りである．係数の下の（　）内は，例 1.3 で説明した加重回帰からの "t 値" である．R^2 は Y^* と $\hat{Y}^*$，（　）内は Y と $\hat{Y}$ の相関係数の 2 乗である．

$$\underset{(-25.75)}{Y=-5.225} + \underset{(32.16)}{0.110X}$$

$$R^2=0.988(0.296),\quad s=0.095$$

係数推定値，"t 値"，R^2 いずれも表 1.4 の Tukey（s_{TKY}）とほとんど同じである．この例もやはり #15 から #21 までのウエイトが 0 になる．

2.3　Collins の $\boldsymbol{\Psi}$ 関数

2.3.1　損失関数 $\boldsymbol{\rho}$，影響関数 $\boldsymbol{\Psi}$，ウエイト関数 $\boldsymbol{w}$

Collins (1976) は Huber のアイディアのもとに，次の条件

$$\Psi(u)=0,\quad |u|>r\ のとき$$

のもとで最大の漸近的分散を最小にするというミニ・マックス問題を解き，ε 汚染正規分布に対して，Ψ 関数は次式で与えられることを示した．

$$\Psi(u)=\begin{cases} u, & |u|\le x_0 \\ x_1\tanh\left[\dfrac{1}{2}x_1(r-|u|)\right]\mathrm{sign}(u), & x_0\le|u|\le r \\ 0, & |u|>r \end{cases} \tag{2.9}$$

この Ψ 関数による M 推定量は次の確率密度関数をもつ分布の最尤推定量である．

$$f(u)=\begin{cases}(1-\varepsilon)\phi(u), & |u|\le x_0\\ \dfrac{(1-\varepsilon)\phi(x_0)}{\cosh^2\left[\dfrac{1}{2}x_1(r-x_0)\right]}\cosh^2\left[\dfrac{1}{2}x_1(r-|u|)\right], & x_0\le|u|\le r\\ \dfrac{(1-\varepsilon)\phi(x_0)}{\cosh^2\left[\dfrac{1}{2}x_1(r-x_0)\right]}, & |u|>r\end{cases} \tag{2.10}$$

関数 Ψ は x_0 において連続であるという制約から，x_0 と x_1 は次の関係を満たさなければならない．

$$x_0=x_1\tanh\left[\frac{1}{2}x_1(r-x_0)\right] \tag{2.11}$$

また f は確率密度関数であるから，$[-r,\ r]$ で積分すれば 1 という制約から ε は次の関係を満たさなければならない．

$$\varepsilon/(1-\varepsilon)=\frac{\phi(x_0)}{x_1\cosh^2\left[\dfrac{1}{2}x_1(r-x_0)\right]}\left\{\sinh\left[x_1(r-x_0)\right]+x_1(r-x_0)\right\}$$
$$-2\Phi(r)+2\Phi(x_0) \tag{2.12}$$

そして最大の漸近的分散を最小にする分散 V_0 は次式で与えられる．

$$V_0=\left[(1-\varepsilon)\left\{2\Phi(x_0)-1-2x_0\phi(x_0)+x_1\phi(x_0)\frac{\sinh\left[x_1(r-x_0)\right]-x_1(r-x_0)}{\cosh^2\left[\dfrac{1}{2}x_1(r-x_0)\right]}\right\}\right]^{-1} \tag{2.13}$$

この Collins の Ψ 関数の背後には次式で与えられる損失関数 ρ がある．

$$\rho(u)=\begin{cases}\dfrac{u^2}{2}, & |u|\le x_0\\ \dfrac{x_0^2}{2}-2\log\left\{\dfrac{1}{2}\cosh\left[\dfrac{x_1(r-|u|)}{2}\right]\right\}\\ \qquad +2\log\left\{\dfrac{1}{2}\cosh\left[\dfrac{x_1(r-x_0)}{2}\right]\right\}, & x_0\le|u|\le r\\ \dfrac{x_0^2}{2}+2\log\left\{\dfrac{1}{2}\cosh\left[\dfrac{x_1(r-x_0)}{2}\right]\right\}\\ \qquad -2\log\left(\dfrac{1}{2}\right), & |u|>r\end{cases} \tag{2.14}$$

ウエイト関数は次式になる．

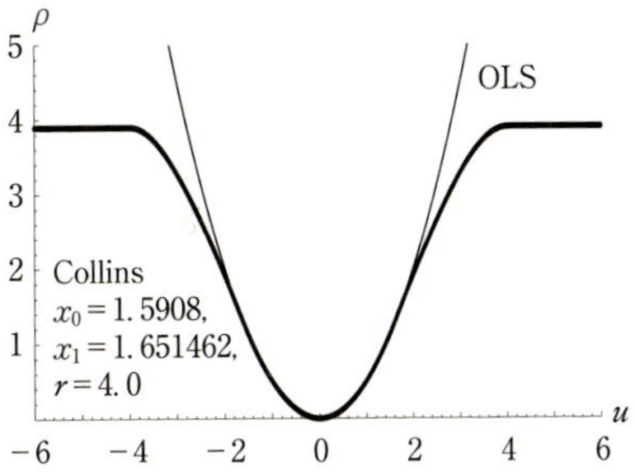

図 2.5　Collins の ρ

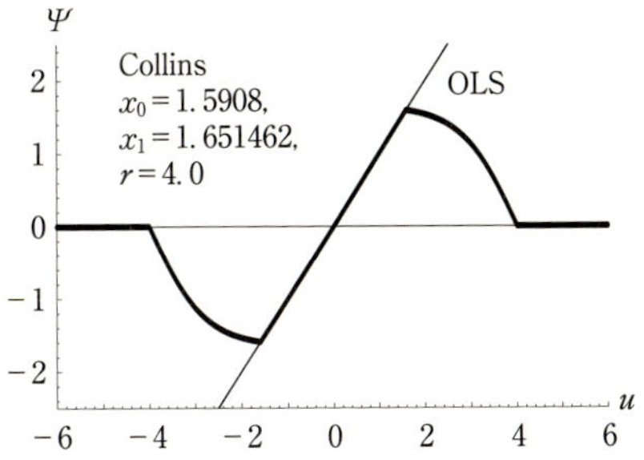

図 2.6　Collins の Ψ

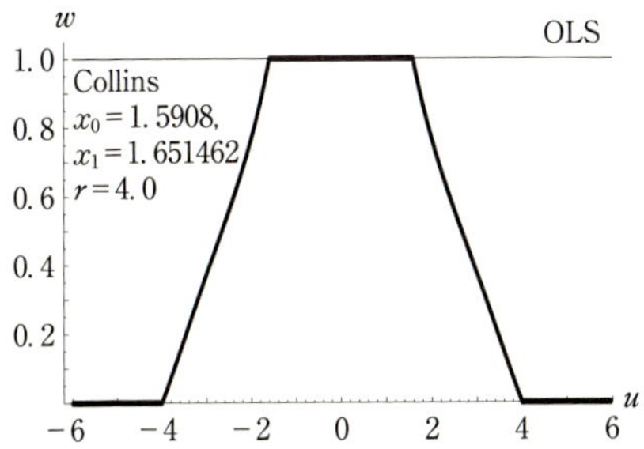

図 2.7　Collins の w

表 2.3　漸近的有効性と調整定数（Collins の Ψ）

漸近的有効性	$r=3.5$		$r=4.0$		$r=4.5$	
	x_0	x_1	x_0	x_1	x_0	x_1
90%	1.3914	1.511299	1.2293	1.298521	1.1379	1.181565
95%	1.8272	1.968243	1.5908	1.651462	1.4768	1.508053
99%	3.1039	4.412843	2.3988	2.489568	2.1564	2.182464

漸近的有効性	$r=5.0$		$r=6.0$	
	x_0	x_1	x_0	x_1
90%	1.0823	1.110577	1.0235	1.035408
95%	1.4163	1.433062	1.3655	1.370276
99%	2.0667	2.076087	2.0182	2.019500

$$w(u)=\begin{cases}1, & |u|\le x_0\\ \dfrac{x_1}{|u|}\tanh\left[\dfrac{1}{2}x_1(r-|u|)\right], & x_0\le|u|\le r\\ 0, & |u|>r\end{cases} \tag{2.15}$$

Collins の $\rho(u)$，$\Psi(u)$，$w(u)$ のグラフはそれぞれ**図 2.5，2.6，2.7** である．$x_0=1.5908$，$x_1=1.651462$，$r=4.0$ の調整定数は，誤差項の分布が正規分布のとき，回帰係数推定量の漸近的有効性 95% を与える値である（**表 2.3**）．

2.3.2 崩壊点，漸近的有効性と調整定数

(2.14) 式の Collins の ρ も 1.7 節で示した条件 (R1)，(R2) を満たし，(R2) の $c=r$ である．(1.69) 式から崩壊点 BDP が $100\times\lambda$% となる調整定数 x_0，x_1，r を求める．

(2.14) 式の $\rho(u)$ の標準正規分布のもとでの期待値は次式になる．

$$E_\Phi(\rho)=\Phi(x_0)-x_0\phi(x_0)-\frac{1}{2}+2g\left[\Phi(r)-\Phi(x_0)\right]$$
$$+2\left[g-2\log\left(\frac{1}{2}\right)\right]\Phi(-r)$$

ここで

$$g=\frac{x_0^2}{2}+2\log\left\{\frac{1}{2}\cosh\left[\frac{x_1(r-x_0)}{2}\right]\right\}$$

である．

この $E_\Phi(\rho)$ はロンバーグ積分で評価し，$r=1.5$ を固定し，x_0 を与え，x_1 の値は (2.11) 式を満たすように収束計算で求め，$\lambda=30(5)50$% を与える r，x_0，x_1 の値が表 2.1 の Collins の崩壊点の表である．表には $r=2.0$，x_0，x_1 のケースも示した．

次に，$u\sim N(0,1)$ のとき，Collins の Ψ による M 推定量の漸近的分散 V（(1.61) 式）を求め，漸近的有効性 $EF=1/V$ を求める．

$$\Psi^2(u)=\begin{cases}u^2, & |u|\le x_0\\ \left\{x_1\tanh\left[\dfrac{1}{2}x_1(r-|u|)\right]\right\}^2, & x_0\le|u|\le r\\ 0, & |u|>r\end{cases}$$

$$\Psi'(u)=\begin{cases}1, & |u|\le x_0\\ \dfrac{-\dfrac{1}{2}x_1^2}{\left\{\cosh\left[\dfrac{1}{2}x_1(r-|u|)\right]\right\}^2}, & x_0\le|u|\le r\\ 0, & |u|>r\end{cases}$$

$$V=\frac{E[\Psi^2(u)]}{\{E[\Psi'(u)]\}^2}$$

である．Vの分母，分子ともロンバーグ積分で計算した．rを固定し，x_0の値を与え，(2.11)式を満たすx_1を求め，$EF=1/V$が90%, 95%, 99%となる調整定数r, x_0, x_1を計算した．$r=3.5$, 4.0, 4.5, 5.0, 6.0のケースが表2.3に示されている．$r=4.0$が絶対値の大きな規準化残差を排除する値として妥当な値であろう．

2.3.3 σのM推定

回帰モデル（1.44）式の誤差項$\varepsilon\sim \mathrm{iid}(0, \sigma^2)$ のσ^2のM推定量を（1.78）式より求める．CollinsのΨの場合である．TukeyのΨあるいはAndrewsのΨのケースと同様であるから結果のみ示す．

$$s_{\mathrm{CO}}^2=\frac{n(c\mathrm{MAD})^2\left[\sum_{i=1}^{n}\Psi^2(v_i)\right]}{\left[\sum_{i=1}^{n}\Psi'(v_i)\right]^2} \tag{2.16}$$

ここで

$$v_i=\frac{e_i-M}{c\mathrm{MAD}}$$

e_i, M, MAD, cは（1.80）式に同じ

である．

$\Psi^2(v_i)$, $\Psi'(v_i)$ は以下のようになる．

$$\Psi^2(v_i)=\begin{cases}r^2v_i^2, & |v_i|\le\dfrac{x_0}{r}\\ \left\{x_1\tanh\left[\dfrac{1}{2}x_1r(1-v_i)\right]\right\}^2, & \dfrac{x_0}{r}\le v_i\le 1\\ 0, & |v_i|>1\end{cases}$$

$$\Psi'(v_i)=\begin{cases} r, & |v_i|\leq\dfrac{x_0}{r} \\ \dfrac{-\left(\dfrac{1}{2}\right)x_1^2}{\left\{\cosh\left[\dfrac{1}{2}x_1r(1-|v_i|)\right]\right\}^2}, & \dfrac{x_0}{r}\leq|v_i|\leq 1 \\ 0, & |v_i|>1 \end{cases}$$

したがって σ の M 推定量は次式になる．

$$s_{\mathrm{CO}}=\frac{\sqrt{n}\,(c\mathrm{MAD})\left[\sum_{i=1}^{n}\Psi^2(v_i)\right]^{\frac{1}{2}}}{\left|\sum_{i=1}^{n}\Psi'(v_i)\right|} \tag{2.17}$$

Tukey の s_{TKY}（(1.81）式)，Andrews の s_{ADR}（(2.8）式）と s_{CO} が決定的に異なるのは，s_{TKY} や s_{ADR} には Ψ 関数の調整定数は現れないのに対して，(2.17) 式の s_{CO} には，(2.9）式の Ψ 関数の調整定数 x_1, r が入っていることである．したがって s_{CO} は（1.79）式の調整定数 c, Ψ 関数の x_1, r にも依存する．

2.4 Hampel の Ψ 関数

Princeton Robust Study（Andrews et al.（1972)）において Hampel によって提唱された Ψ 関数であり，最初の再下降 Ψ 関数である．Hampel の Ψ 関数による M 推定量は 3 分割再下降 M 推定量 three-part redescending M-estimator とよばれることもある．

2.4.1 損失関数 ρ，影響関数 Ψ，ウエイト関数 w

(1) 損失関数

$$\rho(u)=\begin{cases} \dfrac{1}{2}u^2, & |u|\leq\alpha \\ \alpha|u|-\dfrac{1}{2}\alpha^2, & \alpha\leq|u|\leq\beta \\ \alpha\beta-\dfrac{1}{2}\alpha^2+(\gamma-\beta)\dfrac{\alpha}{2}\left[1-\left(\dfrac{\gamma-|u|}{\gamma-\beta}\right)^2\right], & \beta\leq|u|\leq\gamma \\ \alpha\beta-\dfrac{1}{2}\alpha^2+(\gamma-\beta)\dfrac{\alpha}{2}, & |u|>\gamma \end{cases} \tag{2.18}$$

(2) Ψ 関数

$$\Psi(u)=\begin{cases} u, & |u|\le\alpha \\ \alpha\,\mathrm{sign}\,(u), & \alpha\le|u|\le\beta \\ \alpha\dfrac{\gamma-|u|}{\gamma-\beta}\mathrm{sign}\,(u), & \beta\le|u|\le\gamma \\ 0, & |u|>\gamma \end{cases} \tag{2.19}$$

(3) ウエイト関数

$$w(u)=\begin{cases} 1, & |u|\le\alpha \\ \dfrac{\alpha\,\mathrm{sign}\,(u)}{u}, & \alpha\le|u|\le\beta \\ \alpha\dfrac{\gamma-|u|}{\gamma-\beta}\dfrac{\mathrm{sign}\,(u)}{u}, & \beta\le|u|\le\gamma \\ 0, & |u|>\gamma \end{cases} \tag{2.20}$$

$\rho(u)$, $\Psi(u)$, $w(u)$ のグラフはそれぞれ**図 2.8, 2.9, 2.10** である．調整定数 α,

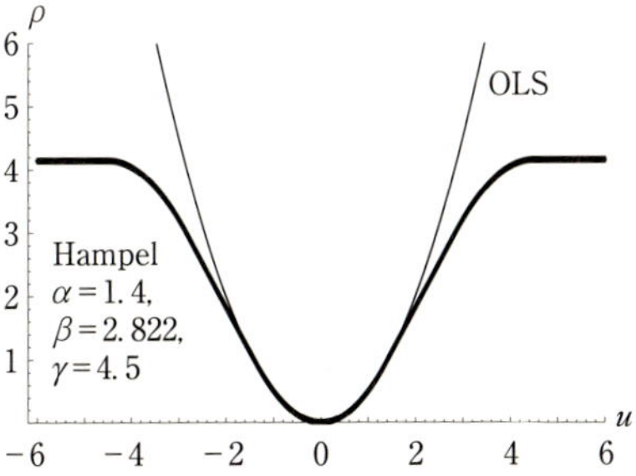

図 2.8 Hampel の ρ

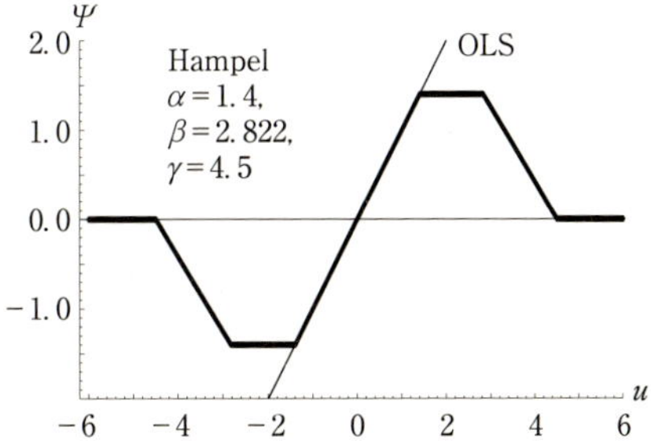

図 2.9 Hampel の Ψ

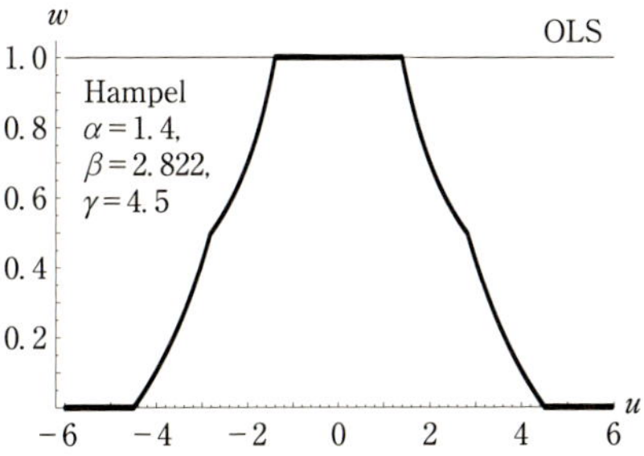

図 2.10 Hampel の w

β, γ は，モデルの真の分布が正規分布のとき，回帰係数推定量の漸近的有効性 95% を与える $\alpha=1.4$，$\beta=2.822$，$\gamma=4.5$ のケースである．

2.4.2 崩壊点，漸近的有効性と調整定数

（2.18）式の Hampel の $\rho(u)$ も 1.7 節の条件（R1），（R2）を満たし，（R2）の $c=\gamma$ である．（1.69）式により，Hampel の Ψ 関数の崩壊点 BDP 50%（（1.69）式の $\lambda=0.5$）を与える調整定数，α, β, γ を求めよう．

（1.69）式の $c=\gamma$ であるから，（2.18）式より $\rho(c)$ は次式になる．

$$
\begin{aligned}
\rho(c)=\rho(\gamma)&=\alpha\beta-\frac{1}{2}\alpha^2+(\gamma-\beta)\frac{\alpha}{2}\\
&=\frac{\alpha}{2}(\gamma+\beta-\alpha)
\end{aligned}
$$

$$
\begin{aligned}
E_\Phi(\rho)=&\Phi(\alpha)-\alpha\phi(\alpha)-\frac{1}{2}+2\alpha\left[\phi(\alpha)-\phi(\beta)\right]-\alpha^2\left[\Phi(\beta)-\Phi(\alpha)\right]\\
&+\left[\alpha\beta-\alpha^2+(\gamma-\beta)\alpha-\frac{\alpha(1+\gamma^2)}{\gamma-\beta}\right]\left[\Phi(\gamma)-\Phi(\beta)\right]\\
&-\frac{\alpha\gamma}{\gamma-\beta}\phi(\gamma)+\frac{\alpha(2\gamma-\beta)}{\gamma-\beta}\phi(\beta)+\alpha(\gamma+\beta-\alpha)\left[1-\Phi(\gamma)\right] \qquad (2.21)
\end{aligned}
$$

が（2.18）式より得られる．

α, γ を固定して BDP 50% を与える 3 通りの調整定数を**表 2.4** に示した．4 章以降で主として用いるのは，$\alpha=0.5$，$\beta=0.7797$，$\gamma=1.5$ の調整定数である．

次に，モデルの真の分布が正規分布のとき，Hampel の Ψ 関数による M 推定量の漸近的有効性が 90%，95%，99% となる調整定数を求める．

$$
\Psi^2(u)=\begin{cases}
u^2, & |u|\le\alpha\\
\alpha^2, & \alpha\le|u|\le\beta\\
\left(\dfrac{\alpha}{\gamma-\beta}\right)^2(\gamma-|u|)^2, & \beta\le|u|\le\gamma\\
0, & |u|>\gamma
\end{cases}
$$

表 2.4　BDP 50% の調整定数 (Hampel の Ψ)

α	β	γ
0.5	0.7797	1.5
0.6	0.8126	1.4
0.7	1.0425	1.3

表 2.5　漸近的有効性と調整定数（Hampel の Ψ）

漸近的有効性	α	β	γ
90%	1.2	2.058	4.0
	1.1	2.211	4.5
	1.0	2.901	5.0
95%	1.5	2.547	4.0
	1.4	2.822	4.5
	1.35	3.575	5.0
99%	2.4	2.944	4.0
	2.2	2.962	4.5
	2.1	3.084	5.0

$$\Psi'(u)=\begin{cases}1, & |u|\le\alpha\\ 0, & \alpha\le|u|\le\beta\\ -\dfrac{\alpha}{\gamma-\beta}, & \beta\le|u|\le\gamma\\ 0, & |u|>\gamma\end{cases}$$

であるから，標準正規分布のもとで

$$Q=E\left[\Psi^2(u)\right]=\left[\Phi(\alpha)-\alpha\phi(\alpha)-\frac{1}{2}\right]+2\alpha^2\left[\Phi(\beta)-\Phi(\alpha)\right]$$
$$+2\left(\frac{\alpha}{\gamma-\beta}\right)^2\left\{(1+\gamma^2)\left[\Phi(\gamma)-\Phi(\beta)\right]+\gamma\phi(\gamma)-(2\gamma-\beta)\phi(\beta)\right\}$$
$$P=E\left[\Psi'(u)\right]=2\Phi(\alpha)-1-\left(\frac{2\alpha}{\gamma-\beta}\right)\left[\Phi(\gamma)-\Phi(\beta)\right]$$

となる．漸近的分散 $V=Q/P^2$，漸近的有効性 $EF=1/V$ より，EF が 90%，95%，99% となる調整定数をそれぞれ 3 通り**表 2.5** に示した．4 章以降でよく用いるのは，EF 95% を与える $\alpha=1.5$，$\beta=2.547$，$\gamma=4.0$ あるいはグラフに示されている $\gamma=4.5$ のケースである．$\gamma=4.0$ のとき，すなわち $|u|>4$ のときウエイト 0 となる．

2.4.3　σ の M 推定

Hampel の Ψ 関数を用いるとき，回帰モデル（1.44）式において仮定されている $\varepsilon\sim\mathrm{iid}(0,\sigma^2)$ の σ^2 の M 推定量 s_{H}^2 は（1.78）式を用いて次式になる．

$$s_{\mathrm{H}}^2=\frac{n(c\mathrm{MAD})^2\left[\sum_{i=1}^{n}\Psi^2(v_i)\right]}{\left[\sum_{i=1}^{n}\Psi'(v_i)\right]^2} \tag{2.22}$$

したがって

$$s_{\mathrm{H}}=\frac{\sqrt{n}\,(c\mathrm{MAD})\left[\sum_{i=1}^{n}\Psi^2(v_i)\right]^{\frac{1}{2}}}{\left|\sum_{i=1}^{n}\Psi'(v_i)\right|} \tag{2.23}$$

ここで

$$v_i=\frac{e_i-M}{c\mathrm{MAD}}$$

e_i＝回帰モデルの残差

M, MAD は (1.80) 式に同じ

である.

$$\frac{1}{n}\sum_{i=1}^{n}\Psi^2(v_i) \text{ は } E\left[\Psi^2(v)\right],\ \frac{1}{n}\sum_{i=1}^{n}\Psi'(v_i) \text{ は } E\left[\Psi'(v)\right]$$

の推定量を与える. $\Psi^2(v)$, $\Psi'(v)$ は以下の式である.

$$\Psi^2(v_i)=\begin{cases}\gamma^2v_i^2, & |v_i|\leq\dfrac{\alpha}{\gamma}\\[2mm] \alpha^2, & \dfrac{\alpha}{\gamma}\leq|v_i|\leq\dfrac{\beta}{\gamma}\\[2mm] \left(\dfrac{\alpha\gamma}{\gamma-\beta}\right)^2(1-|v_i|)^2, & \dfrac{\beta}{\gamma}\leq|v_i|\leq 1\\[2mm] 0, & |v_i|>1\end{cases}$$

$$\Psi'(v_i)=\begin{cases}\gamma, & |v_i|\leq\dfrac{\alpha}{\gamma}\\[2mm] 0, & \dfrac{\alpha}{\gamma}\leq|v_i|\leq\dfrac{\beta}{\gamma}\\[2mm] -\dfrac{\alpha\gamma}{\gamma-\beta}, & \dfrac{\beta}{\gamma}\leq|v_i|\leq 1\\[2mm] 0, & |v_i|>1\end{cases}$$

Tukey や Andrews の Ψ の σ の M 推定量と異なり, s_{H} には Hampel の Ψ の

調整定数 α, β, γ がすべて現れる．

2.5 双曲正接 Ψ 関数（tanh）

再下降 Ψ 関数の最後に，Hampel et al. (1981) の双曲正接 Ψ 関数 hyperbolic tangent Ψ function を説明しよう．tanh とよぶことにする．

2.5.1 損失関数 ρ，影響関数 Ψ，ウエイト関数 w

(1) 損失関数

$$\rho(u)=\begin{cases}\dfrac{u^2}{2}, & |u|\le p\\ \dfrac{p^2}{2}-\dfrac{a}{b}\log\left\{\cosh\left[b(r-|u|)\right]\right\}\operatorname{sign}(u) & \\ \qquad +\dfrac{a}{b}\log\left\{\cosh\left[b(r-p)\right]\right\}, & p\le|u|\le r\\ \dfrac{p^2}{2}+\dfrac{a}{b}\log\left\{\cosh\left[b(r-p)\right]\right\}, & |u|>r\end{cases} \tag{2.24}$$

(2) Ψ 関数

$$\Psi(u)=\begin{cases}u, & |u|\le p\\ a\tanh\left[b(r-|u|)\right]\operatorname{sign}(u), & p\le|u|\le r\\ 0, & |u|>r\end{cases} \tag{2.25}$$

ここで，$\rho(u)$，$\Psi(u)$ に現れる定数は以下の意味である．

$$a=\left[A(K-1)\right]^{\frac{1}{2}},\quad b=\frac{1}{2}\left[(K-1)B^2/A\right]^{\frac{1}{2}}$$

$$A=E\left[\Psi^2(u)\right]=\int\Psi^2(u)\phi(u)\,du$$

$$B=E\left[\Psi'(u)\right]=\int\Psi'(u)\phi(u)\,du$$

$$0<A<B<2\Phi(r)-1-r\phi(r)<1$$

$$0<p<r$$

$$p=a\tanh\left[b(r-p)\right]$$

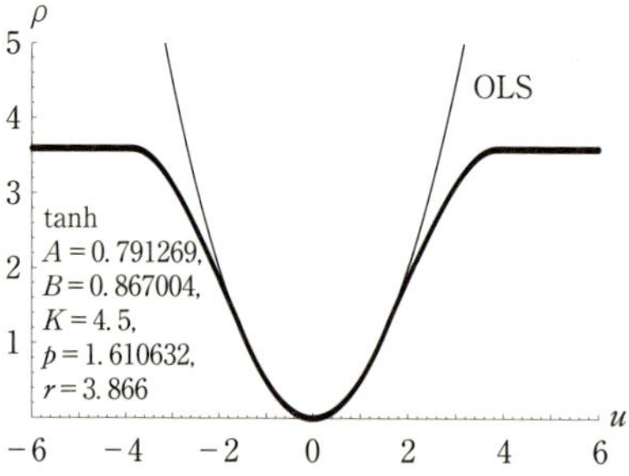

図 2.11 tanh の ρ

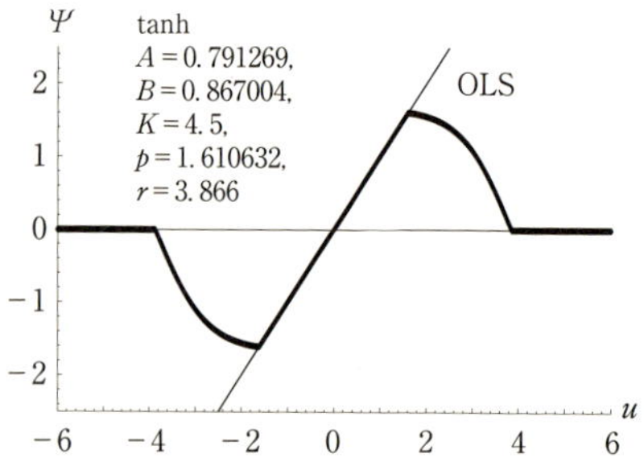

図 2.12 tanh の Ψ

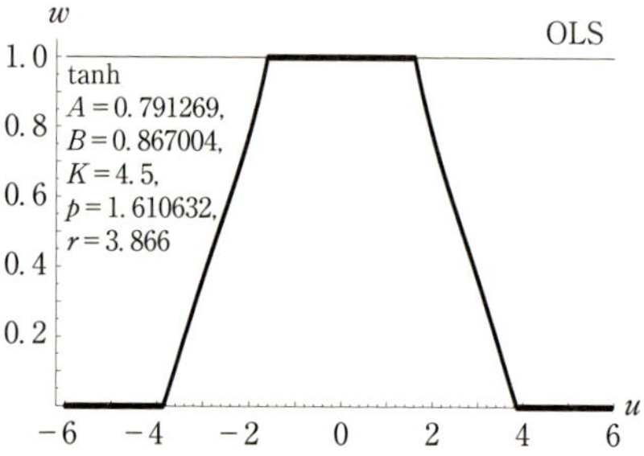

図 2.13 tanh の w

(3) ウエイト関数

$$w(u)=\begin{cases}1, & |u|\le p \\ \dfrac{a\tanh\left[b(r-|u|)\right]\operatorname{sign}(u)}{u}, & p\le|u|\le r \\ 0, & |u|>r\end{cases} \tag{2.26}$$

$\rho(u)$, $\Psi(u)$, $w(u)$ のグラフはそれぞれ**図 2.11**, **2.12**, **2.13** である．回帰係数推定量の漸近的有効性 95% を与える $A=0.791269$, $B=0.867004$, $K=4.5$, $p=1.610632$, $r=3.866$ の調整定数のケースを示した．

2.5.2 崩壊点，漸近的有効性と調整定数

tanh の調整定数は K, r, A, B, p であるが，これら定数間にさまざまな制約条件が課せられている．調整定数の値を決定するために，他の再下降 Ψ 関数とくらべて，かなり計算に労を必要とする．Hampel et al. (1986), p. 163, Table

表 2.6 BDP 50%，漸近的有効性と調整定数（tanh）

崩壊点	K	r	p	A	B	EF(%)
50%	3.5	1.4703	0.192863	0.113080	0.183098	29.65

漸近的有効性	K	r	p	A	B
90%	4.0	3.545	1.330708	0.655762	0.768265
	4.5	3.314	1.452307	0.698010	0.792605
	5.0	3.168	1.555544	0.729839	0.810493
	6.0	2.992	1.718789	0.773137	0.834215
95%	4.0	4.331	1.480106	0.754316	0.846517
	4.5	3.866	1.610632	0.791269	0.867004
	5.0	3.630	1.723863	0.818932	0.882049
	6.0	3.378	1.907287	0.855770	0.901663
99%	5.0	4.0	2.219681	0.947142	0.968346
	5.0	5.0	2.018318	0.923561	0.956205
	6.0	6.0	2.010765	0.922464	0.955638

2 に調整定数のいくつかの組合せと漸近的有効性が示されているが，90%，95%，99% の漸近的有効性を与える調整定数の値はない．

（2.24）式の tanh の $\rho(u)$ も，1.7 節の条件（R1），（R2）を満たし，（R2）の $c=r$ である．

表 2.6 にモデルの真の分布が標準正規分布のときの，BDP 50%，漸近的有効性 90%，95%，99% を与える調整定数の値を示した．これらの値は次のようにして求めた．

1）K，r の値を与え，固定する．

2）A，B，p の初期値に，それぞれ $2\Phi(r)-1-2r\phi(r)$，$2\Phi(r)-1$，$r/2$ を与え

$$A=E\left[\Psi^2(u)\right],\quad B=E\left[\Psi'(u)\right]$$

をロンバーグ積分で求め，p は初期値を用いて

$$p=a\tanh\left[b(r-p)\right]$$

によって新たな p を求める．

3）A，B，p が収束するまでこの計算をくりかえす．

3 章以降の具体例でよく用いる調整定数は，図 2.11～2.13 にも示されている，漸近的有効性 95% を与える $K=4.5$，$r=3.866$，$A=0.791269$，$B=0.867004$，$p=1.610632$ のケースである．

2.5.3 σ の M 推定

回帰モデル（1.44）式の $\varepsilon \sim \mathrm{iid}(0, \sigma^2)$ と仮定されている．この σ^2 の M 推定量は（1.78）式を用いて次式になる．

$$s_{\tanh}^2 = \frac{n(c\mathrm{MAD})^2\left[\sum_{i=1}^{n}\Psi^2(v_i)\right]}{\left[\sum_{i=1}^{n}\Psi'(v_i)\right]^2} \tag{2.27}$$

したがって

$$s_{\tanh} = \frac{\sqrt{n}\,(c\mathrm{MAD})\left[\sum_{i=1}^{n}\Psi^2(v_i)\right]^{\frac{1}{2}}}{\left|\sum_{i=1}^{n}\Psi'(v_i)\right|} \tag{2.28}$$

ここで

$$v_i = \frac{e_i - M}{c\mathrm{MAD}}$$

e_i, M, MAD, c は（1.80）式に同じ

である．

$\Psi^2(v_i)$, $\Psi'(v_i)$ は以下の式である．

$$\Psi^2(v_i) = \begin{cases} r^2 v_i^2, & |v_i| \le \dfrac{p}{r} \\ \left\{a \tanh\left[br(1-|v_i|)\right]\right\}^2, & \dfrac{p}{r} \le |v_i| \le 1 \\ 0, & |v_i| > 1 \end{cases}$$

$$\Psi'(v_i) = \begin{cases} r, & |v_i| \le \dfrac{p}{r} \\ \dfrac{-abr}{\left\{\cosh\left[br(1-|v_i|)\right]\right\}^2}, & \dfrac{p}{r} \le |v_i| \le 1 \\ 0, & |v_i| > 1 \end{cases}$$

3

頑健回帰推定（1）——LMS, LTS, BIE

3.1 は じ め に

本章はL推定のなかでもっともよく使われる最小メディアン2乗法（LMS）と最小刈り込み2乗法（LTS）を説明し，次に，X方向，Y方向両方向の大きな誤差に対しても頑健な推定法といわれている有界影響推定（BIE）を説明する．

頑健回帰推定は，外れ値にも等ウエイトを与えるOLSと異なり，外れ値の大きさに応じてウエイトを減ずる推定法である．しかし外れ値をどのような基準で検出するかは決して容易ではない．まず，3.2節で外れ値をX方向の外れ値，Y方向の外れ値，線形回帰からの外れ値の3つに分け，それぞれについて説明した．外れ値の検出にあたっては，OLSの推定結果からの回帰診断と頑健推定の2つの方法は，ともに補完的で有用である．いくつかの具体例でこのことを確かめることができる．

3.3.1項でLMS，3.3.2項でLTSを説明する．LMS, LTSともに，BDPの可能な最大の値50%に近い値に達する．しかし，LMS, LTSとも，モデルの真の分布が正規分布のとき回帰係数推定量の漸近的有効性は低い．したがってLMSやLTSのみを用いる頑健回帰推定ではなく，LMSやLTSからの回帰の残差を初期値とし，次の段階で，高い漸近的有効性（たとえば95%）を与える調整定数を設定し，2章の再下降Ψ関数によるM推定を行う，という方法が推奨される．

3.4節でBIEのSchweppeの方法を具体例とともに説明する．LMSの残差を初期値として用い，次の段階で再下降Ψ関数を用いてBIEを適用する．

3.2 外　れ　値

外れ値 outlier とは，観測値全体の集合から乖離している観測値であるが，実際に外れ値を識別することは難しい．Ryan（2009）は外れ値を5種類に分類しているが，外れ値と判断する基準は明確ではない．

本書では

（1） X 方向の外れ値

（2） Y 方向の外れ値

（3） 線形回帰からの外れ値

と分類し，判断基準を一応，次のように考える．

（1） X 方向の外れ値

線形回帰モデル（1.15）式のハット行列 $\boldsymbol{H}=\boldsymbol{X}(\boldsymbol{X}'\boldsymbol{X})^{-1}\boldsymbol{X}'$ の（i, i）要素を h_{ii} とすると

$$h_{ii}>\frac{3k}{n}, \quad i=1, \cdots, n \tag{3.1}$$

のとき，i 番目の説明変数 $\boldsymbol{x}_i$ を X 方向の外れ値と考える．

定数項をもつ線形回帰モデルのとき，h_{ii} は

$$\frac{1}{n}\leq h_{ii}\leq 1$$

であり

$$\sum_{i=1}^{n} h_{ii}=k$$

である．h_{ii} の大きな値は高い作用点 high leverage point とよばれている．h_{ii} の平均は k/n であるから，平均の3倍を超える h_{ii} の値が高い作用点であり，X 方向の外れ値とみなそうというのが（3.1）式である．もっとゆるい $h_{ii}>2k/n$ を高い作用点とする基準もある（Hoaglin and Welsch（1978），Belsley et al.（1980））．

高い作用点かどうかを

$$\mathrm{MD}_i^2>\chi_\alpha^2(k-1), \quad i=1, \cdots, n \tag{3.2}$$

によって判断するという方法もある（Rousseeuw and Leroy（2003），p. 224）．

ここで MD_i はマハラノビスの距離 Maharanobis distance であり

$$\mathrm{MD}_i=\left[(\boldsymbol{z}_i-\bar{\boldsymbol{z}})'\boldsymbol{S}^{-1}(\boldsymbol{z}_i-\bar{\boldsymbol{z}})\right]^{\frac{1}{2}} \tag{3.3}$$

$$\boldsymbol{z}_i=(X_{2i}\ \cdots\ X_{ki})'$$

$$\bar{\boldsymbol{z}}=\frac{1}{n}\sum_{i=1}^{n}\boldsymbol{z}_i$$

$$\boldsymbol{S}=\frac{1}{n-1}\sum_{i=1}^{n}(\boldsymbol{z}_i-\bar{\boldsymbol{z}})(\boldsymbol{z}_i-\bar{\boldsymbol{z}})'$$

$\chi^2_\alpha(k-1)$ = 自由度 $k-1$ のカイ 2 乗分布の上側 α の確率を与える分位点

である．

h_{ii} と MD_i^2 との間には

$$\mathrm{MD}_i^2=(n-1)\left(h_{ii}-\frac{1}{n}\right) \tag{3.4}$$

の関係がある．

(1.15) 式の回帰モデルで，$(k-1)\times 1$ ベクトル $\boldsymbol{z}_i$ は $k-1$ 変量正規ベクトルとは仮定されていないから，カイ 2 乗分布を用いる (3.2) 式は正規分布からの類比であり，ひとつの目安にすぎない．

$n=30$, $k=3$ のとき $3k/n=0.3$ であるから，$h_{ii}=0.3$ のとき $\mathrm{MD}_i^2=7.73$ となる．$\chi^2_{0.05}(2)=5.99$, $\chi^2_{0.01}(2)=9.21$ であるから $h_{ii}=0.3$ を切断点とすると $\alpha=0.05$ ならば $\mathrm{MD}_i^2=7.73$ は高い作用点と判断され，$\alpha=0.01$ ならば高い作用点とはみなされない．

(2)　Y 方向の外れ値

OLS の残差を e_i とし

$$a_i^2=100\times\frac{e_i^2}{\sum_{i=1}^{n}e_i^2},\quad i=1,\cdots,n \tag{3.5}$$

を % 表示の平方残差率とよぶことにする．

もし，e_i^2, $i=1,\cdots,n$ がそれぞれ均等に残差平方和の $1/n$

$$e_i^2=\frac{1}{n}\sum_{i=1}^{n}e_i^2$$

の寄与であれば，このとき

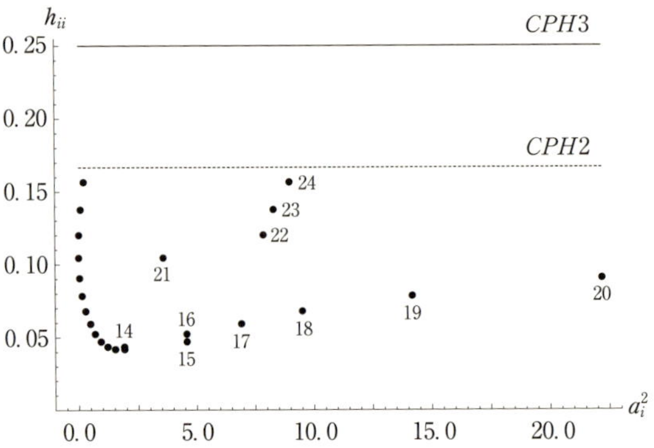

図 3.1　例 1.3 の *LR* プロット

$$a_i^2 = 100 \times \frac{1}{n}$$

となる．したがって，% 表示で

$$a_i^2 > 100 \times \frac{3}{n} \tag{3.6}$$

は Y 方向の外れ値を示すひとつの目安となる．

h_{ii} と a_i^2 のプロット (a_i^2, h_{ii}) は *LR* プロット (leverage-residuals plot) である．**図 3.1** は例 1.3 の OLS の *LR* プロットであり，$CPH2 = 2k/n \fallingdotseq 0.167$，$CPH3 = 3k/n = 0.250$ は h_{ii} の切断点を表す．**表 3.1** には OLS 残差 e，h_{ii}，マハラノビスの距離の 2 乗 MD_i^2，a_i^2 および (3.7) 式の t_i が示されている．

h_{ii} で $CPH2$ を超える値はなく，MD_i^2 も $\chi^2_{0.05}(1) = 3.842$ を超える値はない．すなわち X 方向の外れ値はない．当然である．X は西歴年である．

$n = 24$ であるから $3/n = 0.125$ であり，a_i^2 で 12.5% を超えるのは #19 と #20 のみである．しかし表 1.5 の Tukey (s_0)，例 2.1 の Andrews の Ψ を用いる頑健回帰推定においては #15 から #21 までの 7 個のウエイトは 0 になる．h_{ii} や a_i^2 からは検出できない外れ値がある．

(3)　線形回帰からの外れ値

$(\boldsymbol{x}_i', Y_i)$ の線形回帰からの乖離がきわめて大きい外れ値である．すなわち観測値の大部分から大きく外れている．外的スチューデント化残差を

$$t_i = \frac{e_i}{s(i)(1-h_{ii})^{\frac{1}{2}}}, \quad i = 1, \cdots, n \tag{3.7}$$

表 3.1 ベルギーの国際電話呼び出し回数の OLS 推定結果

i	X	Y	e	h_{ii}	MD_i^2	a_i^2(%)	t_i
1	50	0.44	1.24	0.157	2.645	0.22	0.23
2	51	0.47	0.76	0.138	2.205	0.08	0.14
3	52	0.47	0.26	0.120	1.805	0.01	0.05
4	53	0.59	−0.12	0.104	1.445	0.00	−0.02
5	54	0.66	−0.56	0.091	1.125	0.04	−0.10
6	55	0.73	−0.99	0.078	0.845	0.14	−0.18
7	56	0.81	−1.42	0.068	0.605	0.29	−0.26
8	57	0.88	−1.85	0.059	0.405	0.49	−0.33
9	58	1.06	−2.17	0.052	0.245	0.68	−0.39
10	59	1.2	−2.54	0.047	0.125	0.93	−0.45
11	60	1.35	−2.89	0.044	0.045	1.20	−0.52
12	61	1.49	−3.26	0.042	0.005	1.53	−0.58
13	62	1.61	−3.64	0.042	0.005	1.91	−0.65
14	63	2.12	−3.64	0.044	0.045	1.90	−0.65
15	64	11.9	5.64	0.047	0.125	4.57	1.03
16	65	12.4	5.64	0.052	0.245	4.57	1.03
17	66	14.2	6.93	0.059	0.405	6.91	1.29
18	67	15.9	8.13	0.068	0.605	9.50	1.54
19	68	18.2	9.92	0.078	0.845	14.16	1.95
20	69	21.2	12.42	0.091	1.125	22.18	2.60
21	70	4.3	−4.98	0.104	1.445	3.57	−0.93
22	71	2.4	−7.39	0.120	1.805	7.85	−1.43
23	72	2.7	−7.59	0.138	2.205	8.29	−1.49
24	73	2.9	−7.90	0.157	2.645	8.97	−1.58

$3k/n=0.25$, $2k/n=0.1667$, $\chi^2_{0.05}(1)=3.842$.

とするとき，$|t_i|>2$ がひとつの目安にはなるが，OLS 自体が外れ値の影響を大きく受けているから，$|t_i|>2$ で線形回帰からの外れ値検出にも限界がある．ここで $s^2(i)$ は i 期の観測値を除いた OLS 推定から得られる σ^2 の不偏推定量である．実際，表 3.1 の t_i で $|t_i|>2$ は #20 の $t_i=2.60$ のみである．

単純回帰の場合には，図 1.8 を見ればわかるように，#15 から #20 は OLS の標本回帰線からも大きく外れている．重回帰の場合には偏回帰作用点プロット partial regression leverage plot を用いて，線形回帰からの外れ値かどうかを判断することもできる (蓑谷 (2015))．しかしこれも目による主観的な判断になる．

外れ値の検出にあたって，OLS の推定結果からの回帰診断と頑健推定の 2 つの方法がある．頑健回帰は，単純に外れ値のウエイトを 0 にあるいは小さくすることではない．OLS の回帰診断からは外れ値かどうかを判断し難い観測値に対して，頑健回帰で外れ値として検出されるケースが多々ある．

しかしながら，頑健回帰推定が分析の終着点ではない．外れ値がなぜ生じたかを精査し，原因を探らなければならない．モデルの定式化が悪く，外れ値と判断されたのかも知れない．モデルの誤差項の分布が正規分布より両すその厚い分布に従っている，あるいは，不均一分散，たとえば $E(\varepsilon_i^2)=\sigma^2[E(Y_i)]^2$ であり，Y_i の水準が大きくなると Y_i のバラつきが大きくなり，“外れ値”が生じているのかも知れない．あるいは外れ値を発生させたメカニズムが，他の観測値集団と異なっていたのかも知れない．ベルギーの国際電話呼び出し回数の #15 から #20 はこのような例であった．

また外れ値自体が重要な情報を与える場合がある．生体医工学，生体計測専攻の衛藤憲人氏は次のような例を挙げておられる．眼球運動の反応速度の検査で，「尋常でなく反応の速い被検者」がいた．「統計学的には棄却される可能性の高い，いわゆる外れ値」であるこの被検者に会い，この被検者が以前，南米での傭兵経験の時の訓練によるものではないかということを知ったと．衛藤氏は「ヒトを対象としたあらゆるデータ（特に外れ値）に何かしらの意味」があると記されている（以上，『三田評論』2009 年 10 月号，衛藤憲人「疫学調査の楽しさ ── 外れ値から見えてくるもの」）．

結局，外れ値を削除したり，ウエイトダウンさせれば分析終了ではなく，外れ値が何を表しているか，外れ値が発信しているメッセージは何かを，それぞれの専門分野の知識・経験を生かして探求することが重要である．

本書では専門的な探求以前の，統計学的考察のみに限定せざるを得ないということは断っておきたい．

3.3　L　推　定

L 推定の L は順序統計量の線形結合 linear combination of order statistics の L に由来する．本章 4 節および 4 章，5 章の頑健回帰推定において，残差の初期値を与えるにあたって重要な最小メディアン 2 乗法 least median of squares（以下，LMS と略す）と，最小刈り込み 2 乗法 least trimmed squares（LTS）の 2 つの推定法を説明する．

3.3.1 L M S

LMS は Rousseeuw（1984）によって提唱された方法である．回帰モデルの残差を r_i とすると，LMS は

$$\min \underset{i}{\text{median}}(r_i^2)$$

すなわち，$r_1^2, \cdots, r_n^2$ のメディアンを最小にしようとする方法である．ここで

$$r_i = Y_i - \hat{Y}_i$$
$$\hat{Y}_i = \hat{\beta}_1 + \hat{\beta}_2 X_{2i} + \cdots + \hat{\beta}_k X_{ki}$$
$$i = 1, \cdots, n$$

である．

LMS の BDP は

$$\frac{\left[\dfrac{n}{2}\right] - k + 2}{n}$$

である（Rousseeuw and Leroy（2003），p. 118）．したがって，n が十分大きければ，BDP の可能な最大の値 50% に近い値になる．OLS の BDP は 1.6 節で述べたように $1/n$ であり，n が大きくなるとほとんど 0% になる．

LMS の残差を r_i とすると

$$|r_i| > 2.5\hat{\tau} \tag{3.8}$$

のとき，i 番目の観測値は外れ値と判断される．ここで

$$\hat{\tau} = \frac{1}{0.6745}\left(1 + \frac{5}{n-k}\right)\left[\text{median}(r_i^2)\right]^{\frac{1}{2}} \tag{3.9}$$

である（Rousseeuw and Zomeren（1990），Rousseeuw and Leroy（2003），p. 202）．この $\hat{\tau}$ は，σ の推定値を与え，$1+5/(n-k)$ の項は小標本修正である．

（3.8）式による外れ値の検出から，ウエイトを

$$w_i = \begin{cases} 1, & \left|\dfrac{r_i}{\hat{\tau}}\right| \leq 2.5 \text{ のとき} \\ 0, & \text{その他} \end{cases}$$

とすると，LMS から，さらに σ の推定量として

$$\sigma^* = \left[\frac{\sum_{i=1}^{n} w_i r_i^2}{\sum_{i=1}^{n} w_i - k}\right]^{\frac{1}{2}} \tag{3.10}$$

が得られる．この σ^* は外れ値からの影響を全く受けない．

しかし，LMS 残差 r_i を用いて，(3.8) 式による外れ値を検出すると，しばしば余りにも多くの観測値が外れ値と判断される．LMS 残差を初期値として，次の段階で再下降 Ψ 関数を用いる頑健回帰推定において，ウエイト 0 となる観測値とかなり一致するのは次の基準である．

$$\frac{|r_i|}{\mathrm{MAD}}>6 \tag{3.11}$$

ここで

$$r_i=\text{LMS 残差}$$
$$\mathrm{MAD}=\mathrm{median}\,|r_i-M|$$
$$M=\underset{i}{\mathrm{median}}\,(r_i)$$

である．

LMS はしかし，モデルの真の分布が正規分布のとき（このとき OLS が適切である），回帰係数推定量の有効性が低く，収束速度も通常の $n^{-1/2}$ ではなく $n^{-1/3}$ である（Rousseeuw and Leroy (2003), Ch. 4）．

3.3.2　L　T　S

LTS は 1983 年「数理統計学および確率シンポジウム」において Rousseeuw によって提唱された方法であり，Rousseeuw (1984) でも説明されている．

回帰モデルの残差を r_i，$i=1, \cdots, n$，順序統計量を

$$r_{(1)}^2 \leq r_{(2)}^2 \leq \cdots \leq r_{(n)}^2$$

とすると，LTS 推定量は

$$\min \sum_{i=1}^{h} r_{(i)}^2$$

の解として得られる．したがって LTS においては $r_{(i)}^2$，$i=h+1, \cdots, n$ は最小にすべき損失関数から刈り込まれ，無視される．

LTS は

$$h=\left[\frac{n}{2}\right]+\left[\frac{k+1}{2}\right]$$

のとき，最大の BDP

$$\frac{\left[\frac{n-k}{2}\right]+1}{n}$$

をもつ（Rousseeuw and Leroy（2003), p. 132).

刈り込み率を α とすると

$$h=\left[n(1-\alpha)\right]+\alpha$$

のとき BDP はほぼ α に等しい．$\alpha=0.5$ のとき BDP は約 50% となる．

しかし，LTS の漸近的有効性も低く（Croux et al. (1994)），観測データに適切な刈り込みの割合 h を正しく指定する方法はない．通常，h は r_i^2 のメディアンまで $h=[(n+1)/2]$ と与えられる．

Ryan（2009）に依れば，Rousseeuw and Van Driesen は次のように指摘している．

（1） LTS は LMS ほど特定の観測点からの影響を受けない．

（2） LTS は LMS より正規性への収束が速い．

この指摘を受けて，Ryan（2009）は LMS より LTS を高く評価し，LTS の多くの応用例を示している．

しかし，LMS や LTS のみ単独で用いることは推奨できない．BDP は 50% に近いが，回帰係数推定量の漸近的有効性は低いという問題は，頑健回帰推定において以下のような方法で解決することができる．

まず第 1 段階で LMS あるいは LTS による回帰の残差を初期値とし，次の段階で高い漸近的有効性(たとえば 95%)を与える調整定数を用いて M 推定を行う．本章 4 節および 4 章，5 章で説明するのはほとんどがこの方法である．

▶例 3.1　ベルギーの国際電話呼び出し回数

例 1.3 の LMS，LTS および第 1 段階で LMS，第 2 段階で Tukey の Ψ を用いる M 推定の例を示そう．推定結果は**表 3.2** である．表 3.2 の Tukey は以下の方法で求めている．

1： LMS の残差 r_i から σ の推定値を

$$s_0=\frac{\mathrm{MAD}}{0.6745}=\frac{\mathrm{median}|r_i-M|}{0.6745}$$

$$M=\underset{i}{\mathrm{median}}(r_i)$$

表 3.2 （1.82）式の推定結果─LMS, LTS, Tukey の Ψ 関数による M 推定

推定法	定数項			X			R^2	s
	係数	標準偏差	z 値	係数	標準偏差	z 値		
LMS	−5.618	0.215	−26.12	0.116	0.347×10^{-2}	33.24	0.296	7.278
LTS	−5.616	0.206	−27.22	0.116	0.333×10^{-2}	34.76	0.296	7.264
Tukey ($B=4.691$)	−5.259	0.211	−24.91	0.110	0.354×10^{-2}	31.14	0.988	0.098

によって推定（(1.73) 式）し，規準化残差

$$r_i^* = \frac{r_i}{s_0},\quad i=1, \cdots, n$$

を求める．

2：　Tukey の Ψ の調整定数 B を，回帰モデル（1.82）式の ε の真の分布が正規分布のときにも回帰係数推定量の漸近的有効性 95% となる $B=4.691$ に設定する（表 2.2）．

（1.56）式の $u_i = r_i^*$ と考え，このウエイト関数から，ウエイト w_i を求め

$$\boldsymbol{Z} = \begin{bmatrix} 1 & X_1 \\ \vdots & \vdots \\ 1 & X_n \end{bmatrix},\quad \boldsymbol{y} = \begin{bmatrix} Y_1 \\ \vdots \\ Y_n \end{bmatrix},\quad \boldsymbol{W} = \mathrm{diag}\{w_i\},\quad i=1, \cdots, n$$

とおくと

$$\boldsymbol{y}^* = \boldsymbol{W}^{\frac{1}{2}}\boldsymbol{y},\quad \boldsymbol{Z}^* = \boldsymbol{W}^{\frac{1}{2}}\boldsymbol{Z}$$

と変換した $\boldsymbol{y}^*$, $\boldsymbol{Z}^*$ から（1.82）式の $\boldsymbol{\beta} = (\beta_1, \beta_2)'$ の Tukey の Ψ を用いる M 推定量

$$\hat{\boldsymbol{\beta}}_T = (\boldsymbol{Z}^{*\prime}\boldsymbol{Z}^*)^{-1}\boldsymbol{Z}^{*\prime}\boldsymbol{y}^* \tag{3.12}$$

を得る．s_0 も $\hat{\boldsymbol{\beta}}_T$ もくりかえし収束計算はしていない．5 章の 1 ステップ M に等しい．

LMS の残差を r_i とすると，（3.10）式の $\sigma^* = 0.11783$ である．因みに，$s_0 = $ MAD/0.6745 = 0.17606，（3.9）式の $\hat{\tau} = 0.15648$ となる．

第 1 段階で適用した LMS は（3.8）式ではなく

$$\left|\frac{r_i}{\sigma^*}\right| > 2.5$$

によって外れ値かどうかが判断され，#14 から #21 までの 8 個が外れ値になる．上式ではなく，（3.9）式の $\hat{\tau}$ を用いて r_i を規準化して絶対値で 2.5 を超える値を

外れ値とすると，やはり #14 から #21 までが外れ値である．

LMS による $\boldsymbol{\beta}$ の推定量を $\tilde{\boldsymbol{\beta}}$ とすると

$$V(\tilde{\boldsymbol{\beta}})=(\sigma^*)^2(\boldsymbol{Z}'\boldsymbol{Z})^{-1} \tag{3.13}$$

が $\mathrm{var}(\tilde{\boldsymbol{\beta}})$ の推定量，したがって $\tilde{\beta}_j$ の標準偏差の推定量 $\tilde{\sigma}_j$ は

$$\tilde{\sigma}_j=V(\tilde{\boldsymbol{\beta}}) \text{ の } (j,j) \text{ 要素の平方根，} j=1,2$$

として得られる．表 3.2 の推定値

$$\tilde{\sigma}_1=0.215,\quad \tilde{\sigma}_2=0.347\times 10^{-2}$$

がこの値である．

表 3.2 の $z_j=\tilde{\beta}_j/\tilde{\sigma}_j$ であり，漸近的に標準正規分布による $H_0: \beta_j=0$ の検定統計量である．

LTS に関しても LMS と同様であり，LTS 残差からの $\sigma^*=0.11306$ となる．やはり #14 から #21 までの 8 個が外れ値と判断される．

LMS, LTS とも表 3.2 の決定係数 0.296 は，LMS を例にとると，Y_i と $\tilde{Y}_i=\tilde{\beta}_1+\tilde{\beta}_2X_i$ の相関係数の 2 乗である．Tukey の $R^2=0.988$ は Y_i^* と $\hat{Y}_i^*=\hat{\beta}_{T1}X_{1i}^*+\hat{\beta}_{T2}X_{2i}^*$ の相関係数の 2 乗であり，Y_i と $\hat{Y}_i=\hat{\beta}_{T1}+\hat{\beta}_{T2}X_i$ の相関係数の 2 乗は 0.296 となる．

表 3.2 から，LMS, LTS の β_j の推定値は表 1.4 に示されている OLSE とは大きく異なっており，絶対値で Tukey の Ψ を用いる M 推定値より少し大きい．表 3.2 の Tukey の推定値は，表 1.4 の Tukey の Ψ による推定値とも若干ではあるが異なっている．表 3.2 の Tukey の Ψ による推定において，ウエイトが 0 になるのは #15 から #21 までの 7 個で，表 1.5 の Tukey と同じ，#14 のウエイトは 0.47392 で 0 にはならない．

表 3.2 の LMS の

$$s=7.278=\left(\frac{\sum_{i=1}^{n} r_i^2}{n-2}\right)^{\frac{1}{2}}$$

は外れ値の影響を大きく受け，$\sigma^*=0.11783$ とくらべ，きわめて大きい．LTS の $s=7.264$ も同様である．

#14 から #21 までの 8 個を除いた OLS の推定結果は

$$\underset{}{Y=}\ \underset{(-25.5)}{-5.164}\ +\ \underset{(31.84)}{0.108X}$$

$$R^2=0.986,\quad s=0.097$$

#15 から #21 までの 7 個を除くと，OLS は

$$Y = -5.260 + 0.111X$$
$$\quad(-17.34)\quad(21.73)$$
$$R^2 = 0.969,\quad s = 0.146$$

となり，LMS や LTS より Tukey の Ψ を用いる M 推定値に近い．

3.4　有界影響推定

M 推定量 $\hat{\boldsymbol{\beta}}_{\mathrm{M}}$ の影響関数は

$$IC = \Psi(Y - \boldsymbol{x}'\hat{\boldsymbol{\beta}}_{\mathrm{M}})\boldsymbol{B}^{-1}\boldsymbol{x}$$

によって与えられる ((1.38) 式)．この影響関数からわかるように，たとえ $\Psi(\cdot)$ が大きな残差の影響を制限しても，$\boldsymbol{x}$ の影響は無制限に大きくなり得る．M 推定量は，Y 方向の大きな誤差に対してのみ頑健な推定法であるが，高い作用点に対しても頑健な，あるいは同じことであるが X 方向の誤差にも有界な推定を行おうとするのが有界影響推定 bounded influence estimation (以下，BIE と略す) である．GM 推定とよばれることもある．

Schweppe (Handschin et al. (1975))，Krasker and Welsch (1982) は

$$\sum_{i=1}^{n} w(\boldsymbol{x}_i')\Psi\left[\frac{Y_i - \boldsymbol{x}_i'\boldsymbol{\beta}}{\sigma v(\boldsymbol{x}_i')}\right]\boldsymbol{x}_i = \boldsymbol{0} \tag{3.14}$$

の形の有界影響推定を提唱した．$w(\boldsymbol{x}_i')$ は作用点に依存するウエイト関数，$v(\boldsymbol{x}_i')$ は影響関数 IC を有界にする関数である．

$$v(\boldsymbol{x}_i') = 1,\quad w(\boldsymbol{x}_i') = (1 - h_{ii})^{\frac{1}{2}}$$

のとき Mallows のケース，Schweppe のケースは

$$w(\boldsymbol{x}_i') = v(\boldsymbol{x}_i') = (1 - h_{ii})^{\frac{1}{2}}$$

であるから，$\boldsymbol{X}'\boldsymbol{X} = \boldsymbol{I}$ と規準化すれば $(1 - h_{ii})^{\frac{1}{2}}\boldsymbol{x}_i$ は絶対値 1 で有界であることがわかる．さて，Schweppe のケースのとき (3.14) 式は

$$\sum_{i=1}^{n} (1 - h_{ii})^{\frac{1}{2}}\Psi\left[\frac{Y_i - \boldsymbol{x}_i'\boldsymbol{\beta}}{\sigma(1 - h_{ii})^{\frac{1}{2}}}\right]\boldsymbol{x}_i = \boldsymbol{0} \tag{3.15}$$

と表すことができる．(3.15) 式は Huber (1983) が minimax 原理によって導出した結果と同じである．

Welsch (1980) の有界影響推定は，(3.14) 式において σ を推定値 $s(i)$ (i 期の観測値を除いたときに得られる σ の推定値) でおきかえ

$$v(\boldsymbol{x}_i')=\frac{1-h_{ii}}{h_{ii}^{\frac{1}{2}}}$$

とおいた場合である．このとき

$$\frac{Y_i-\boldsymbol{x}_i'\hat{\boldsymbol{\beta}}}{\sigma v(\boldsymbol{x}_i')}=\frac{h_{ii}^{\frac{1}{2}}(Y_i-\boldsymbol{x}_i'\hat{\boldsymbol{\beta}})}{s(i)(1-h_{ii})}=DFFITS_i \tag{3.16}$$

となる．したがって (3.14) 式は

$$\sum_{i=1}^{n}\frac{1-h_{ii}}{h_{ii}^{\frac{1}{2}}}\Psi(DFFITS_i)\boldsymbol{x}_i=\mathbf{0} \tag{3.17}$$

となる．

$$w_i=\frac{\Psi(DFFITS_i)}{DFFITS_i}$$

とおけば (3.17) 式は

$$\sum_{i=1}^{n}w_i\left[\frac{Y_i-\boldsymbol{x}_i'\boldsymbol{\beta}}{s(i)}\right]\boldsymbol{x}_i=\mathbf{0} \tag{3.18}$$

と同じである．Welsch は

$$w_i=\begin{cases}1, & |DFFITS_i|\leq 0.34\\ \dfrac{0.34}{|DFFITS_i|}, & |DFFITS_i|>0.34\end{cases}$$

の有界影響推定を試みた．

Chave and Thomson (2003) は，Mallows, Schweppe いずれの BIE も，きわめて強い作用点があるとき，その影響点に対するウエイトダウンは不十分であると批判し，別の BIE を提唱している．

本節では (3.15) 式の有界影響推定を行ってみよう．r_i を回帰モデルの残差とするとき，σ は未知パラメータであるから，σ の推定値として

s を使えば $\dfrac{r_i}{s(1-h_{ii})^{\frac{1}{2}}}$ はスチューデント化残差 r_i

$s(i)$ を使えば $\dfrac{r_i}{s(i)(1-h_{ii})^{\frac{1}{2}}}$ はスチューデント化残差 t_i

表 3.3　(1.82) 式の推定結果

	BIE (Tukey)			BIE (Andrews)			BIE (Collins)		
	係数	標準偏差	z 値	係数	標準偏差	z 値	係数	標準偏差	z 値
定数項	−5.242	0.217	−24.20	−5.240	0.220	−23.82	−5.225	0.219	−23.82
X	0.110	0.364×10^{-2}	30.21	0.110	0.371×10^{-2}	29.65	0.110	0.369×10^{-2}	29.78
R^2	0.987			0.986			0.986		
s	0.093			0.098			0.102		
調整定数	$B=4.691$			$A=1.339$			$x_0=1.4768,\ x_1=1.508053,\ r=4.5$		
ウエイト 0 の観測値番号	15, 16, 17, 18, 19, 20, 21			15, 16, 17, 18, 19, 20, 21			15, 16, 17, 18, 19, 20, 21		

	BIE (Hampel)			BIE (tanh)		
	係数	標準偏差	z 値	係数	標準偏差	z 値
定数項	−5.232	0.225	−23.21	−5.227	0.221	−23.67
X	0.110	0.378×10^{-2}	29.03	0.110	0.371×10^{-2}	29.59
R^2	0.986			0.986		
s	0.104			0.102		
調整定数	$\alpha=1.5,\ \beta=2.547,\ \gamma=4.0$			$r=3.866,\ K=4.5,\ A=0.79127,\ B=0.867,\ p=1.61063$		
ウエイト 0 の観測値番号	15, 16, 17, 18, 19, 20, 21			15, 16, 17, 18, 19, 20, 21		

$$s_0=\mathrm{MAD}/0.6745 \text{ を使えば } \frac{r_i}{s_0(1-h_{ii})^{\frac{1}{2}}}$$

が Ψ 関数の引数となる.

たとえば s_0 を Tukey の Ψ に適用する場合を考えてみよう.

$$\hat{u}_i=\frac{r_i}{s_0(1-h_{ii})^{\frac{1}{2}}}$$

とすると，ウエイトは

$$w(\hat{u}_i)=\begin{cases}(1-h_{ii})^{\frac{1}{2}}\left[1-\left(\dfrac{\hat{u}_i}{B}\right)\right]^2, & |\hat{u}_i|\leq B\\ 0, & |\hat{u}_i|>B\end{cases}$$

となる．したがって $\Psi(r_i/s_0)$ と比較すれば h_{ii} が大きいほど（X 方向の外れ値），

r_i/s_0 にくらべて $\hat{u}_i$ は大きくなり，ウエイトダウンの可能性は高くなる．さらに，$(1-h_{ii})^{\frac{1}{2}}$ の項によってウエイトは小さくなる．

▶例 3.2　BIE ―― ベルギーの国際電話呼び出し回数

例 1.3，(1.82) 式の BIE 推定結果は**表 3.3** に示されている．表 3.3 の BIE は以下の方法で求めた．

1：　LMS で推定し，LMS 残差 r_i から σ の推定値

$$s_0 = \frac{\text{MAD}}{0.6745} = 0.17606$$

を得る．β_j の LMS 推定値 $\tilde{\beta}_j$ のノルムを

$$N_0 = \left(\sum_{j=1}^{2} \tilde{\beta}_j^2\right)^{\frac{1}{2}}$$

とする．

2：　ハット行列 $\boldsymbol{H}$ を計算し，$\boldsymbol{H}$ の (i, i) 要素を h_{ii} とする．

3：　Ψ 関数の調整定数に，モデルの真の分布が正規分布のとき，回帰係数推定量の漸近的有効性 95% を達成する値を与える．表 3.3 の各 Ψ 関数の調整定数の値がこの値である．

BIE は (3.15) 式で示されている Schweppe のケースで σ を s_0，$Y_i - \boldsymbol{x}_i'\boldsymbol{\beta}$ を $r_i = Y_i - \boldsymbol{x}_i'\tilde{\boldsymbol{\beta}}$ によって推定し

$$\hat{u}_i = \frac{r_i}{s_0(1-h_{ii})^{\frac{1}{2}}}, \quad i = 1, \cdots, n$$

を Ψ 関数の引数とし，各 Ψ 関数ごとにウエイトを求める．たとえば，Collins の Ψ 関数のとき

$$w_i = \begin{cases} (1-h_{ii})^{\frac{1}{2}}, & |\hat{u}_i| \le x_0 \\ (1-h_{ii})^{\frac{1}{2}} x_1 \dfrac{\tanh\left[\dfrac{1}{2}x_1(r - |\hat{u}_i|)\right]}{|\hat{u}_i|}, & x_0 \le |\hat{u}_i| \le r \\ 0, & |\hat{u}_i| > r \end{cases}$$

である．

4：

$$Y_i^* = w_i^{\frac{1}{2}} Y_i$$

$$X_{ji}^* = w_i^{\frac{1}{2}} X_{ji}, \quad \text{ただし } X_{1i} = 1, \quad X_{2i} = X_i$$

$$j = 1, 2, \quad i = 1, \cdots, n$$

を計算し，Y_i^* の X_{ji}^*, $j=1, 2$, $i=1, \cdots, n$ への OLS から得られる β_j の推定値を $\hat{\beta}_{Bj}$, $j=1, 2$ とする．$\hat{\beta}_{Bj}$ のノルム

$$N_1 = \left(\sum_{j=1}^{2} \hat{\beta}_{Bj}^2 \right)^{\frac{1}{2}}$$

を求め

$$\left| \frac{N_1 - N_0}{N_0} \right| \leq \delta, \quad \delta = 0.00001$$

が満たされるかどうかを調べる．

$$YES \Rightarrow STOP$$

$$NO \Rightarrow Y_i - (\hat{\beta}_{B1} + \hat{\beta}_{B2} X_i) = r_i$$

$$N_0 = N_1$$

s_0 はステップ 1 の値を固定

としてステップ 3 の $\hat{u}_i$ へ戻る．

結局，s_0 は固定して β_j の推定値のノルムが収束するまでくりかえし再加重最小 2 乗によって得られた結果が表 3.3 である．

5 種類の Ψ 関数のすべてで #15 から #21 までの 7 個の観測値のウエイトは 0 になり，$\hat{\beta}_{B1}$ は Ψ 関数によって若干の相違はあるが，$\hat{\beta}_{B2}$ は，小数点以下 4 位を四捨五入しているが，すべて 0.110 で同じである．

表 3.3 の R^2 は Y_i^* と $\hat{Y}_i^* = \hat{\beta}_{B1} X_{1i}^* + \hat{\beta}_{B2} X_{2i}^*$ の相関係数の 2 乗

$$s = \left[\frac{\sum_{i=1}^{n} (Y_i^* - \hat{Y}_i^*)^2}{n-2} \right]^{\frac{1}{2}}$$

である．

$\hat{\beta}_{Bj}$ の共分散行列は

$$V(\hat{\boldsymbol{\beta}}_B) = s^2 (\boldsymbol{X}^{*\prime} \boldsymbol{X}^*)^{-1}$$

$$\boldsymbol{X}^* = \begin{bmatrix} X_{11}^* & X_{21}^* \\ \vdots & \vdots \\ X_{1n}^* & X_{2n}^* \end{bmatrix}$$

によって求め，$\hat{\beta}_{Bj}$ の標準偏差は

$$s_{Bj} = V(\hat{\boldsymbol{\beta}}_B) \text{ の } (j, j) \text{ 要素の平方根}$$

表 3.3 の z 値は

$$z_j = \frac{\hat{\beta}_{Bj}}{s_{Bj}}$$

$$j = 1, 2$$

である．

▶例 3.3　BIE ── 星の表面有効温度と光強度

表 3.4 の X は白鳥座の方向にある 47 個の星の表面における有効温度（対数），Y はその星の光強度（対数）である．モデルを

$$Y_i = \beta_1 + \beta_2 X_i + \varepsilon_i \tag{3.19}$$

$$\varepsilon_i \sim \mathrm{iid}(0, \sigma^2)$$

とする．

表 3.4 には説明変数から計算されるハット行列 $\boldsymbol{H}$ の (i, i) 要素 h_{ii}，マハラノビスの距離 MD_i((3.3)式)の 2 乗，(3.19)式の OLS 残差 e_i，平方残差率 a_i^2((3.5)式)，外的スチューデント化残差 t_i（(3.7) 式）も示されている．

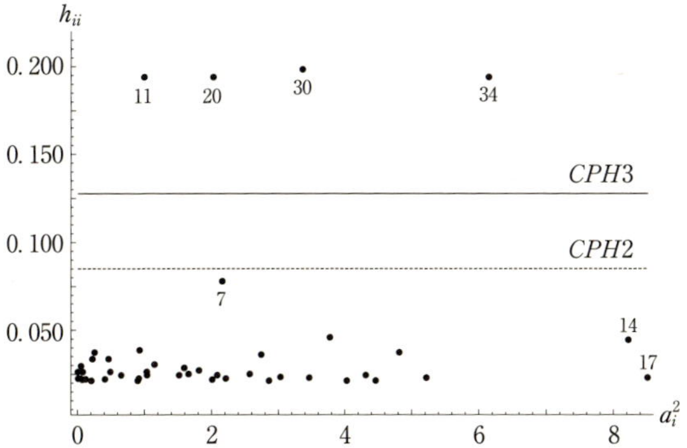

図 3.2　例 3.3 の LR プロット

表 3.4　星の表面有効温度（対数）X，光強度（対数）Y および OLS 残差等

i	X	Y	e	h_{ii}	MD_i^2	a_i^2	t_i
1	4.37	5.23	0.24	0.022	0.043	0.41	0.43
2	4.56	5.74	0.83	0.037	0.739	4.82	1.52
3	4.26	4.93	−0.10	0.022	0.030	0.07	−0.18
4	4.56	5.74	0.83	0.037	0.739	4.82	1.52
5	4.30	5.19	0.17	0.021	0.001	0.21	0.31
6	4.46	5.46	0.51	0.027	0.266	1.81	0.91
7	3.84	4.65	−0.56	0.078	2.612	2.16	−1.03
8	4.57	5.27	0.37	0.039	0.799	0.93	0.66
9	4.26	5.57	0.54	0.022	0.030	2.01	0.96
10	4.37	5.12	0.13	0.022	0.043	0.12	0.24
11	3.49	5.73	0.38	0.194	7.950	1.00	0.74
12	4.43	5.45	0.49	0.025	0.170	1.66	0.87
13	4.48	5.42	0.48	0.029	0.342	1.59	0.86
14	4.01	4.05	−1.09	0.044	1.064	8.22	−2.04
15	4.29	4.26	−0.76	0.021	0.005	4.03	−1.37
16	4.42	4.58	−0.39	0.024	0.143	1.04	−0.69
17	4.23	3.94	−1.11	0.023	0.076	8.51	−2.05
18	4.42	4.18	−0.79	0.024	0.143	4.31	−1.43
19	4.23	4.18	−0.87	0.023	0.076	5.22	−1.58
20	3.49	5.89	0.54	0.194	7.950	2.02	1.06
21	4.29	4.38	−0.64	0.021	0.005	2.86	−1.15
22	4.29	4.22	−0.80	0.021	0.005	4.47	−1.45
23	4.42	4.42	−0.55	0.024	0.143	2.08	−0.98
24	4.49	4.85	−0.09	0.030	0.383	0.05	−0.16
25	4.38	5.02	0.04	0.023	0.058	0.01	0.07
26	4.42	4.66	−0.31	0.024	0.143	0.66	−0.55
27	4.29	4.66	−0.36	0.021	0.005	0.91	−0.64
28	4.38	4.90	−0.08	0.023	0.058	0.05	−0.15
29	4.22	4.39	−0.66	0.023	0.096	3.03	−1.19
30	3.48	6.05	0.69	0.198	8.145	3.37	1.39
31	4.38	4.42	−0.56	0.023	0.058	2.21	−1.01
32	4.56	5.10	0.19	0.037	0.739	0.25	0.34
33	4.45	5.22	0.27	0.026	0.232	0.49	0.47
34	3.49	6.29	0.94	0.194	7.950	6.15	1.91
35	4.23	4.34	−0.71	0.023	0.076	3.47	−1.27
36	4.62	5.62	0.74	0.046	1.136	3.78	1.35
37	4.53	5.10	0.18	0.034	0.572	0.22	0.32
38	4.45	5.22	0.27	0.026	0.232	0.49	0.47
39	4.53	5.18	0.26	0.034	0.572	0.47	0.46
40	4.43	5.57	0.61	0.025	0.170	2.57	1.09
41	4.38	4.62	−0.36	0.023	0.058	0.92	−0.65
42	4.45	5.06	0.11	0.026	0.232	0.08	0.19
43	4.50	5.34	0.41	0.031	0.427	1.15	0.73
44	4.45	5.34	0.39	0.026	0.232	1.04	0.69
45	4.55	5.54	0.63	0.036	0.681	2.74	1.13
46	4.45	4.98	0.03	0.026	0.232	0.00	0.05
47	4.42	4.50	−0.47	0.024	0.143	1.52	−0.83

X, Y のデータは Rousseeuw and Leroy (2003) p.27, Table 3 より．
$3k/n = 0.128$, $2k/n = 0.085$, $\chi^2_{0.05}(1) = 3.842$.

図 3.2 は LR プロット，図の $CPH2=2k/n=0.085$，$CPH3=3k/n=0.128$ である．h_{ii} および MD_i^2 のいずれも #11, 20, 30, 34 の 4 点は高い作用点，すなわち X 方向の外れ値である．a_i^2 が大きいのは #17 の 8.51%，#14 の 8.22% の 2 点で，この 2 点のみ，わずかであるが，$|t_i|>2$ である．

(3.19) 式の OLS による推定と，例 3.2 と同じ方法で 5 種類の Ψ 関数による BIE を**表 3.5** に示した．OLS による β_2 の推定値は 4 個の高い作用点からの影響を強く受け，-0.413 となり，しかも t 値は小さく 0 と有意に異ならない．

5 種類の Ψ 関数による BIE はすべて，4 個の X 方向の外れ値の観測値のウエイトを 0 にする．Andrews の Ψ 関数のケースの β_2 の推定値は他の 4 通りの Ψ 関数を用いる BIE より少し大きく，β_1 の推定値は絶対値でかなり大きい．tanh の Ψ 関数の β_1，β_2 の推定値は他の Ψ 関数と若干異なる．

表 3.5 (3.19) 式の推定結果

	OLS			BIE (Tukey)			BIE (Andrews)		
	係数	標準偏差	t 値	係数	標準偏差	z 値	係数	標準偏差	z 値
定数項	6.793	1.237	5.49	−5.008	1.751	−2.86	−5.980	1.820	−3.29
X	−0.413	0.286	−1.44	2.262	0.399	5.67	2.481	0.414	6.00
R^2	0.0443			0.940			0.945		
s	0.565			0.354			0.343		
調整定数				$B=4.691$			$A=1.339$		
ウエイト0の観測値番号				11, 20, 30, 34			11, 20, 30, 34		

	BIE (Collins)			BIE (Hampel)			BIE (tanh)		
	係数	標準偏差	z 値	係数	標準偏差	z 値	係数	標準偏差	z 値
定数項	−5.025	1.791	−2.81	−4.998	1.784	−2.72	−4.706	1.788	−2.63
X	2.265	0.408	5.56	2.259	0.406	5.56	2.193	0.407	5.39
R^2	0.937			0.937			0.956		
s	0.369			0.368			0.335		
調整定数	$x_0=1.4768$, $x_1=1.508053$, $r=4.5$			$\alpha=1.5$, $\beta=2.547$, $\gamma=4.0$			$r=3.866$, $K=4.5$, $A=0.79127$, $B=0.867$, $p=1.61063$		
ウエイト0の観測値番号	11, 20, 30, 34			11, 20, 30, 34			11, 20, 30, 34		

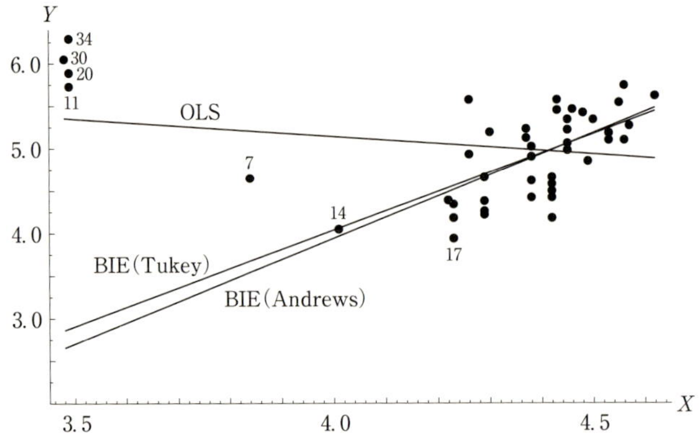

図 3.3 例 3.3 の OLS, BIE (Tukey), BIE (Andrews) の標本回帰線

図 3.3 には (X, Y) の散布図に，OLS, BIE (Tukey), BIE (Andrews) からの標本回帰線が示されている．

#14, 17 の a_i^2 は $100\times 3/n=6.38$ (%) を超えるが，どの Ψ 関数もこの 2 点のウエイトを 0 にはしない．LMS による外れ値は #7, 9, 11, 20, 30, 34 の 6 点であるが，BIE で #7, 9 のウエイトは 0 にならない．

▶例 3.4 男子幼児のクレアチニン排出量

表 3.6 のデータは男子幼児 20 人のクレアチニン排出量 CE (mg/日) と体重 W (kg)，身長 H (cm) である．

モデル

$$CE_i=\alpha_1+\alpha_2 W_i+\alpha_3 H_i+u_i$$

の OLS 推定結果は次の通りである．係数の下の ( ) 内は t 値である．

$$\underset{(0.92)}{CE=23.19}+\underset{(7.95)}{17.55W}-\underset{(-1.89)}{1.10H}$$

$$R^2=0.916,\quad s=9.56$$

定数項も H も有意でない．

次にボックス・コックス変換モデル

$$CE_i^{(\lambda)}=\gamma_1+\gamma_2 W_i^{(\lambda)}+\gamma_3 H_i^{(\lambda)}+v_i \tag{3.20}$$

の λ を最尤法で求めよう．ここで

表 3.6 男子幼児のクレアチニン排出量

i	W	H	CE	i	W	H	CE
1	9	72	100	11	7	64	86
2	10	76	115	12	7	66	80
3	6	59	52	13	6	61	65
4	8	68	85	14	8	66	95
5	10	60	135	15	5	57	25
6	5	58	58	16	11	81	125
7	8	70	90	17	5	59	40
8	7	65	60	18	9	71	95
9	4	54	45	19	6	62	70
10	11	83	125	20	10	75	120

出所：Daniel (2010), p. 523, Q8.
単位：CE：mg/日，W：kg，H：cm.

$$CE_i^{(\lambda)} = \frac{CE_i^{\lambda} - 1}{\lambda}, \quad i = 1, \cdots, n$$

であり，$W^{(\lambda)}$，$H^{(\lambda)}$ も同様である．

λ の最尤推定値 2.44 が得られるので

$$Y_i = CE_i^{2.44}/100, \quad X_{2i} = W_i^{2.44}/100, \quad X_{3i} = H_i^{2.44}/100$$
$$i = 1, \cdots, n$$

とおき

$$Y_i = \beta_1 + \beta_2 X_{2i} + \beta_3 X_{3i} + \varepsilon_i \tag{3.21}$$
$$\varepsilon_i \sim \mathrm{iid}(0, \sigma^2)$$
$$i = 1, \cdots, n$$

を OLS で推定すると次式が得られる．係数の下の（ ）内は t 値である．

$$\underset{(3.70)}{Y = 355.176} + \underset{(14.17)}{651.636 X_2} - \underset{(-5.22)}{2.787 X_3} \tag{3.22}$$

$$R^2 = 0.964, \quad s = 93.749$$

$$\mathrm{BP} = 1.58247(0.453), \quad \mathrm{W} = 3.74054(0.587)$$

$$\mathrm{RESET}(2) = 0.3399(0.568)$$

$$\mathrm{RESET}(3) = 0.2669(0.769)$$

上式の BP（ブロイシュ-ペーガンテスト），W（ホワイトテスト）は，H_0：均一分散の検定統計量で，（ ）内は H_0 のもとでの p 値である．RESET(2)，(3) は H_0：定式化ミスなし，を検定する Ramsey のテストで，（ ）内は H_0 のもとでの p 値である．均一分散であり，定式化ミスも検出されない．

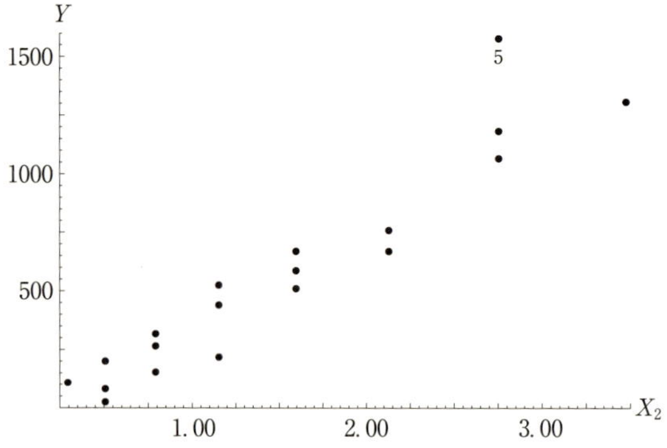

図 3.4(a)　例 3.4 の（X_2, Y）散布図

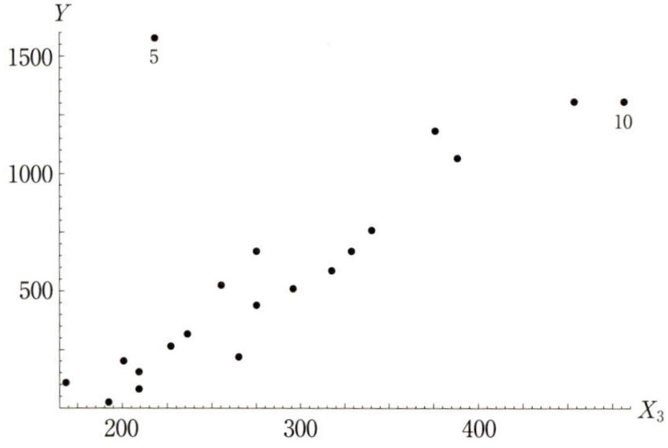

図 3.4(b)　例 3.4 の（X_3, Y）散布図

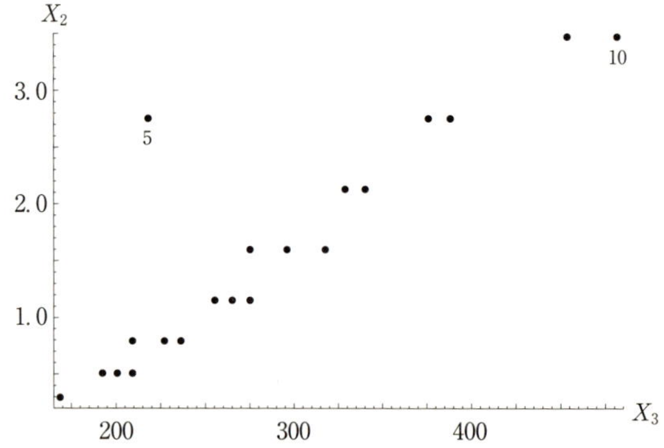

図 3.4(c)　例 3.4 の（X_3, X_2）散布図

しかし，(3.22) 式の推定結果は，わずか1個のきわめて強い高い作用点（X 方向の外れ値）の影響によって，定数項と X_3 の t 値が大きくなっているにすぎない．BIE の頑健推定によってこのことが明らかになる．BIE による推定は例 3.2 と同じ方法であり，調整定数も同じである．(3.21) 式の5種類の Ψ 関数による BIE は大同小異，Tukey の Ψ 関数による BIE のみ示す．(3.21) 式の β_j の Tukey の BIE 推定値を $\tilde{\beta}_j$ とすると，$\tilde{\beta}_j$（z 値）は次の通りである．

$$\tilde{\beta}_1 = 30.174\ (0.13)$$
$$\tilde{\beta}_2 = 461.469\ (3.45)$$
$$\tilde{\beta}_3 = -0.654\ (-0.43)$$
$$R^2 = 0.962,\quad s = 79.703$$

#5 のウエイトのみ 0 となり，この影響を強く受け，定数項も X_3 も有意でない．実際 #5 がきわめて高い作用点であることは**図 3.4**(c) の (X_3, X_2) の散布図，**図 3.5** の LR プロット，**表 3.7** の h_{ii}, MD_i^2 の値からも明らかである．(X_2, Y) の図 3.4(a)，(X_3, Y) の図 3.4(b) からも，とくに Y と X_3 の線形関数からも #5 は大きく逸脱していることがわかる．しかし表 3.7 の外的スチューデント化残差 t_i の #5 の値は 1.29 と小さい．

回帰診断によって #5 がきわめて強い作用点（X 方向の外れ値）であることは検出されるが，BIE の頑健推定によってパラメータ推定値へ強い影響力をもつ外れ値であることが明らかになる．

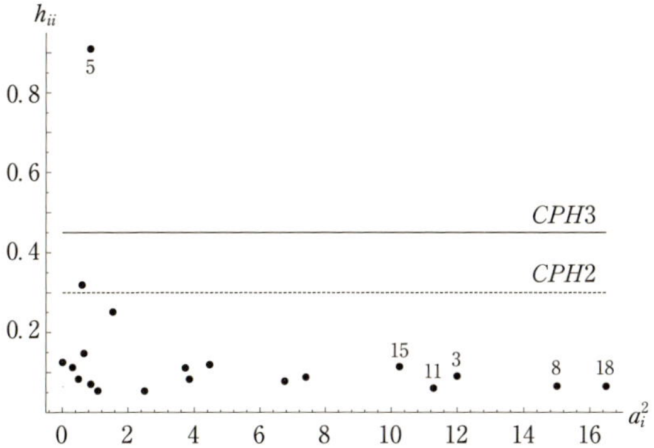

図 3.5 例 3.4 の LR プロット

表 3.7　(3.21) 式の OLS 残差 e, h_{ii} 等

i	e	h_{ii}	MD_i^2	a_i^2	t_i
1	−35.89	0.071	0.395	0.86	−0.39
2	−0.70	0.125	1.432	0.00	−0.01
3	−133.85	0.091	0.770	11.99	−1.56
4	−61.03	0.053	0.063	2.49	−0.66
5	35.71	0.909	16.326	0.85	1.29
6	74.59	0.111	1.160	3.72	0.84
7	75.81	0.083	0.623	3.85	0.84
8	−149.66	0.066	0.299	14.99	−1.75
9	31.20	0.147	1.847	0.65	0.35
10	29.70	0.319	5.118	0.59	0.37
11	129.81	0.060	0.198	11.28	1.48
12	100.37	0.078	0.525	6.74	1.12
13	26.93	0.084	0.637	0.49	0.29
14	40.09	0.054	0.070	1.08	0.43
15	−123.71	0.114	1.221	10.24	−1.45
16	−47.84	0.251	3.813	1.53	−0.58
17	−21.27	0.112	1.187	0.30	−0.23
18	−156.95	0.065	0.282	16.49	−1.85
19	105.10	0.088	0.721	7.39	1.19
20	81.62	0.119	1.313	4.46	0.92

$3k/n=0.3$, $2k/n=0.2$, $\chi^2_{0.05}(2)=5.991$.

▶例 3.5　肝臓手術後の患者の生存時間

表 3.8 のデータは，ある特殊なタイプの肝臓手術を受けた患者の生存時間と，手術前の予測因子であり，54 人の無作為標本である．表の変数記号は以下の意味である．

$TIME$ = 手術後患者が生存した日数

$CLOT$ = 血液凝固の評点

$PROG$ = 予後指数，年齢を含む

ENZ = 酵素機能テストの評点

LIV = 肝臓機能テストの評点

複数のモデル定式化があるが（たとえば Hocking (2013)，蓑谷 (2015)），ここでは次のモデルを考察する．

$$\log(TIME)_i = \beta_1 \log(CLOT)_i + \beta_2 \log(PROG)_i + \beta_3(ENZ^2/1000)_i + \beta_4(ENZ^2 \cdot LIV/10000)_i + \varepsilon_i \qquad (3.23)$$

$$\varepsilon_i \sim \mathrm{iid}(0, \sigma^2)$$

表 3.8 肝臓手術後の生存時間と予測因子

患者	*TIME*	*CLOT*	*PROG*	*ENZ*	*LIV*	患者	*TIME*	*CLOT*	*PROG*	*ENZ*	*LIV*
1	200	6.7	62	81	2.59	28	574	11.2	76	90	5.59
2	101	5.1	59	66	1.70	29	72	5.2	54	56	2.71
3	204	7.4	57	83	2.16	30	178	5.8	76	59	2.58
4	101	6.5	73	41	2.01	31	71	3.2	64	65	0.74
5	509	7.8	65	115	4.30	32	58	8.7	45	23	2.52
6	80	5.8	38	72	1.42	33	116	5.0	59	73	3.50
7	80	5.7	46	63	1.91	34	295	5.8	72	93	3.30
8	127	3.7	68	81	2.57	35	115	5.4	58	70	2.64
9	202	6.0	67	93	2.50	36	184	5.3	51	99	2.60
10	203	3.7	76	94	2.40	37	118	2.6	74	86	2.05
11	329	6.3	84	83	4.13	38	120	4.3	8	119	2.85
12	65	6.7	51	43	1.86	39	151	4.8	61	76	2.45
13	830	5.8	96	114	3.95	40	148	5.4	52	88	1.81
14	330	5.8	83	88	3.95	41	95	5.2	49	72	1.84
15	168	7.7	62	67	3.40	42	75	3.6	28	99	1.30
16	217	7.4	74	68	2.40	43	483	8.8	86	88	6.10
17	87	6.0	85	28	2.98	44	153	6.5	56	77	2.85
18	34	3.7	51	41	1.55	45	191	3.4	77	93	1.48
19	215	7.3	68	74	3.56	46	123	6.5	40	84	3.00
20	172	5.6	57	87	3.02	47	311	4.5	73	106	3.05
21	109	5.2	52	76	2.85	48	398	4.8	86	101	4.10
22	136	3.4	83	53	1.12	49	158	5.1	67	77	2.86
23	70	6.7	26	68	2.10	50	310	3.9	82	103	4.55
24	220	5.8	67	86	3.40	51	124	6.6	77	46	1.95
25	276	6.3	59	100	2.95	52	125	6.4	85	40	1.21
26	144	5.8	61	73	3.50	53	198	6.4	59	85	2.33
27	181	5.2	52	86	2.45	54	313	8.8	78	72	3.20

出所：Hocking (2013), p. 646, Table C. 1.

$i=1, \cdots, 54$

変数記号を次のように簡略化する.

$$Y=\log(TIME), \quad X_2=\log(CLOT)$$
$$X_3=\log(PROG), \quad X_4=ENZ^2/1000$$
$$X_5=ENZ^2 \cdot LIV/10000$$

OLS による (3.23) 式の推定結果は**表 3.9** に示されている. X_j の Y への（偏）弾性値を

$$\eta_j=\frac{\partial \log Y}{\partial \log X_j}, \quad j=2, 3, 4, 5$$

とすると, (3.23) 式より

表 3.9　(3.23) 式の推定結果

	OLS			BIE (Tukey)			BIE (Andrews)		
	係数	標準偏差	t 値	係数	標準偏差	z 値	係数	標準偏差	z 値
X_2	0.6381	0.08089	7.89	0.6783	0.06308	10.75	0.6792	0.06285	10.81
X_3	0.7477	0.03646	20.51	0.7212	0.02962	24.35	0.7206	0.02950	24.42
X_4	0.1056	0.01399	7.55	0.1039	0.01072	9.69	0.1039	0.10670	9.74
X_5	0.1329	0.03385	3.93	0.1575	0.02562	6.15	0.1581	0.02556	6.19
R^2	0.926			0.989			0.989		
s	0.178			0.119			0.118		
調整定数				$B=4.691$			$A=1.339$		
ウエイト0の観測値番号				22, 5→0.088344			22, 5→0.065876		
η_4	1.852			1.922			1.925		
η_5	0.251			0.297			0.299		

	BIE (Collins)			BIE (Hampel)			BIE (tanh)		
	係数	標準偏差	z 値	係数	標準偏差	z 値	係数	標準偏差	z 値
X_2	0.6695	0.06454	10.37	0.6690	0.06443	10.38	0.6682	0.06430	10.39
X_3	0.7240	0.03019	23.98	0.7257	0.03023	24.01	0.7246	0.03010	24.07
X_4	0.1032	0.01068	9.67	0.1022	0.01068	9.57	0.1033	0.01064	9.70
X_5	0.1621	0.02615	6.20	0.1625	0.02593	6.27	0.1619	0.02606	6.21
R^2	0.989			0.989			0.990		
s	0.125			0.124			0.125		
調整定数	$x_0=1.5908$, $x_1=1.651462$, $r=4.0$			$\alpha=1.5$, $\beta=2.547$, $\gamma=4.0$			$r=3.866$, $K=4.5$, $A=0.79127$, $B=0.867$, $p=1.61063$		
ウエイト0の観測値番号	22, 5→0.0034984			22, 5→0.014031			5, 22		
η_4	1.932			1.919			1.931		
η_5	0.306			0.307			0.306		

$$\eta_2=\beta_1$$

$$\eta_3=\beta_2$$

$$\eta_{4i}=\beta_3\frac{ENZ_i^2}{500}+\beta_4\frac{(ENZ^2\cdot LIV)_i}{5000}$$

$$\eta_{5i}=\beta_4\frac{(ENZ^2\cdot LIV)_i}{10000}$$

となる．η_2, η_3 は一定であるが，η_{4i}, η_{5i} $(i=1, \cdots, 54)$ は i によって異なる．したがって，$j=4, 5$ については平均

$$\eta_j=\frac{1}{54}\sum_{i=1}^{54}\eta_{ji}, \quad j=4, 5$$

を計算すると，OLS の β_j の推定値を用いて

$$\eta_2=0.638, \quad \eta_3=0.748, \quad \eta_4=1.852, \quad \eta_5=0.251$$

が得られ，いずれも正の値になる．すなわち，4 個の予測因子はその値が大きいほど生存日数を長くする．弾性値から酵素機能テストの評点，予後指数，血液凝固の評点，肝臓機能テストの評点の順に，生存日数への影響が大きい．

(3.23) 式の OLS 推定の不均一分散の W テスト，定式化ミスの RESET(3) に問題はある．H_0：均一分散の検定統計量

$$\mathrm{BP}=5.58377(0.232), \quad \mathrm{W}=28.2689(0.013)$$

であり，H_0：定式化ミスなしの RESET テスト

$$\mathrm{RESET}(2)=1.65128(0.205), \quad \mathrm{RESET}(3)=3.77349(0.030)$$

である．

しかし，(3.23) 式の ε の正規性を OLS 残差を用いてシャピロ・ウィルク検定すると

$$\mathrm{SW}=0.9899(0.975)$$

であり（( ) 内は正規分布の仮説のもとでの p 値）

$$\text{標本歪度}=0.20151, \quad \text{標本尖度}=3.861$$

となる．外的スチューデント化残差 t_i を順序化した $t(i)$ を用いて正規確率プロットを描くと**図 3.6** になり，$|t(i)|$ の大きい値が直線から少し逸脱しているが，正規性からの大きなズレはない．正規性の仮定は成立している（正規性検定について詳しくは蓑谷 (2012)）．

OLS 推定の回帰診断をしておこう．OLS 残差 e, h_{ii} 等が**表 3.10**，LR プロットが**図 3.7** である．表 3.10 より

$$h_{ii}>\frac{3k}{n}=0.222 \text{ は } \#38$$

$$\frac{2k}{n}=0.148<h_{ii}<\frac{3k}{n} \text{ は } \#5, 28, 37, 42, 43, 50$$

$$\mathrm{MD}_i^2>\chi^2_{0.05}(4)=9.488 \text{ は } \#28, 38, 43, 50$$

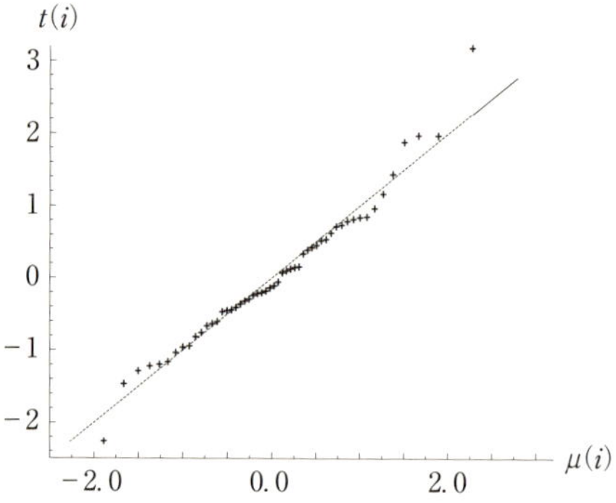

図 3.6 正規確率プロット（(3.23) 式 OLS）

表 3.10 （3.23）式の OLS 残差 e, h_{ii} 等

i	e	h_{ii}	MD_i^2	a_i^2	t_i	i	e	h_{ii}	MD_i^2	a_i^2	t_i
1	0.0795	0.031	1.459	0.40	0.45	28	0.1150	0.196	9.494	0.83	0.72
2	−0.0321	0.032	0.732	0.07	−0.18	29	−0.2024	0.033	2.140	2.58	−1.16
3	0.0922	0.061	4.307	0.54	0.53	30	0.3346	0.039	1.093	7.06	1.97
4	−0.0100	0.064	2.434	0.01	−0.06	31	−0.0773	0.098	4.854	0.38	−0.45
5	−0.3529	0.169	8.211	7.85	−2.26	32	−0.2401	0.134	6.768	3.63	−1.46
6	−0.1052	0.058	2.272	0.70	−0.60	33	−0.1333	0.026	1.419	1.12	−0.76
7	−0.1115	0.033	1.285	0.78	−0.63	34	0.0742	0.029	1.008	0.35	0.42
8	−0.0631	0.058	2.431	0.25	−0.36	35	−0.0570	0.022	0.304	0.20	−0.32
9	−0.1803	0.039	3.211	2.05	−1.03	36	−0.1635	0.055	2.259	1.68	−0.94
10	0.0247	0.082	3.637	0.04	0.14	37	−0.0403	0.160	7.901	0.10	−0.24
11	0.2024	0.044	1.403	2.58	1.17	38	0.2693	0.321	32.615	4.57	1.88
12	−0.2205	0.063	2.894	3.06	−1.29	39	0.1441	0.024	0.358	1.31	0.82
13	0.1313	0.129	7.208	1.09	0.79	40	−0.0379	0.060	3.021	0.09	−0.22
14	0.1484	0.044	1.425	1.39	0.85	41	−0.0827	0.030	0.710	0.43	−0.47
15	0.0582	0.046	1.526	0.21	0.33	42	−0.1963	0.175	8.522	2.43	−1.22
16	0.2483	0.039	2.626	3.89	1.44	43	0.0154	0.212	10.546	0.02	0.10
17	−0.1133	0.090	3.836	0.81	−0.66	44	−0.0249	0.027	0.466	0.04	−0.14
18	−0.4608	0.071	8.664	13.39	−2.87	45	0.1394	0.136	7.799	1.23	0.84
19	0.1093	0.034	0.990	0.75	0.62	46	−0.1674	0.042	1.549	1.77	−0.96
20	−0.0785	0.022	0.164	0.39	−0.44	47	−0.0708	0.075	3.636	0.32	−0.41
21	−0.1443	0.017	0.412	1.31	−0.81	48	0.0211	0.105	4.580	0.03	0.12
22	0.4890	0.120	6.037	15.08	3.18	49	0.0271	0.023	0.223	0.05	0.15
23	−0.0191	0.088	6.231	0.02	−0.11	50	−0.1895	0.202	11.753	2.26	−1.20
24	0.0122	0.023	0.274	0.01	0.07	51	0.0896	0.059	2.280	0.51	0.51
25	−0.0517	0.050	2.832	0.17	−0.29	52	0.1270	0.070	2.975	1.02	0.74
26	−0.0367	0.024	0.520	0.09	−0.21	53	0.0677	0.039	2.180	0.29	0.38
27	0.1697	0.028	0.520	1.82	0.97	54	0.3325	0.051	4.007	6.97	1.97

$3k/n=0.222$, $2k/n=0.148$. $\chi^2_{0.05}(4)=9.488$.

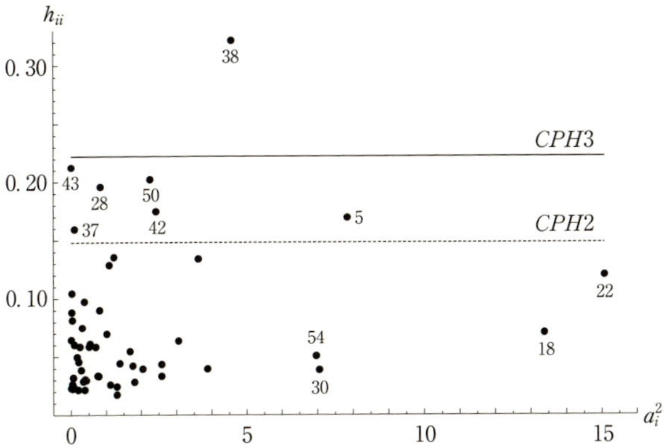

図 3.7 *LR* プロット（(3.23) 式 OLS）

であり．この 7 個の観測値は X 方向の外れ値と判断される．

$$a_i^2 > 100 \times \frac{3}{n} = 5.56\ (\%)$$ となる観測値は #5, 18, 22, 30, 54

の 5 個で，この 5 個は $|t_i|>2$ でもある．#5 は X, Y 両方向の外れ値である．

(3.23) 式の BIE も表 3.9 に示されている．以下の特徴を挙げておこう．

1. β_1, β_4 の推定値は BIE の方が OLS より少し大きく，β_2 の推定値は OLS の方が BIE より大きい．β_3 の推定値は BIE 方が OLS より若干小さい．
2. BIE でウエイト 0，もしくは 0 に近い観測値は #22 と #5（いずれも Y 方向の外れ値）のみであり，X 方向のみの外れ値でウエイト 0 になる観測値はない．
3. 弾性値は η_2 以外，BIE からの推定値の方が OLS より大きい．酵素機能テストの評点の弾性値は BIE で 1.92～1.93 であり，一番高い．
4. $|t_i|>2$ は #5, 18, 22 の 3 点のみであり，#5 の $|t_i|$ は #18 の $|t_i|$ より小さいが，h_{ii} が大きいので #5 のウエイトは 0 あるいは 0 に近い値となる．
5. BIE でウエイトが 0 になる #22 の影響を大きく受けているのは $\hat{\beta}_1$ と $\hat{\beta}_2$ である．ダミー変数

$$D22_i = \begin{cases} 1, & i = 22 \\ 0, & \text{その他} \end{cases}$$

を定義し，(3.23) 式に $D22$ を追加した OLS 推定は #22 を除いて (3.23) 式を推定した結果を与える．次式である．(　) 内は t 値．

$$Y = \underset{(9.12)}{0.7036}X_2 + \underset{(20.14)}{0.7120}X_3 + \underset{(8.48)}{0.1096}X_4 + \underset{(4.25)}{0.1321}X_5 + \underset{(3.18)}{0.5557}D22$$

$$\bar{R}^2 = 0.9346, \quad s = 0.164$$

全データによる OLS の $\bar{R}^2 = 0.9216$ である．この #22 の $\hat{\beta}_1$, $\hat{\beta}_2$ への影響を偏回帰作用点プロットで見てみよう．いま $1 \to Y$, $j \to X_j$, $j = 2, 3, 4, 5$

$Rijkl$ = 変数 i の j, k, l への線形回帰を行ったときの OLS 残差

とする．このとき

$$R1345 = b_1 R2345$$

の回帰から得られる $b_1 = \hat{\beta}_1 = 0.6381$ であり

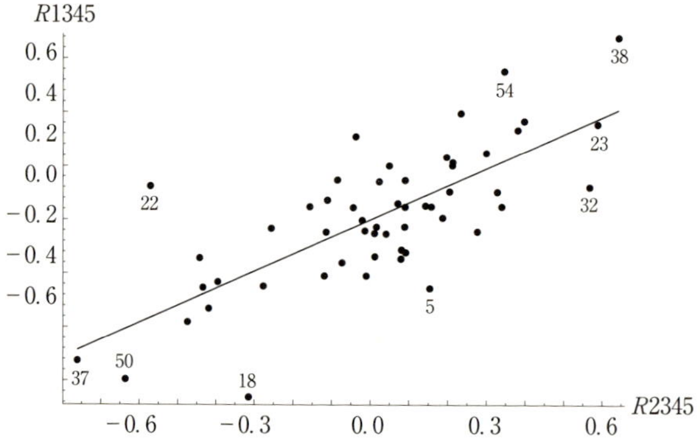

図 3.8　偏回帰作用点プロット（直線 $\hat{\beta}_1$）

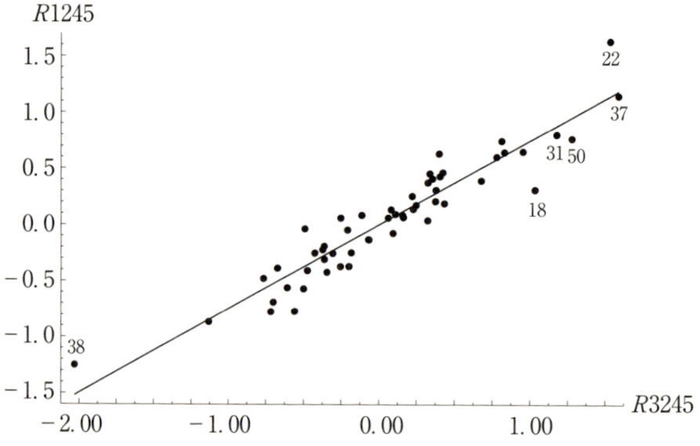

図 3.9　偏回帰作用点プロット（直線 $\hat{\beta}_2$）

$$R1245 = b_2 = R3245$$

の $b_2 = \hat{\beta}_2 = 0.7477$ である．また，この回帰の残差は（3.23）式の OLS 残差に等しい（フリッシュ・ウォフ・ラベルの定理，蓑谷（2015））．

図 3.8 は（$R2345$, $R1345$）の散布図であり，直線の勾配 $b_1 = 0.6381$，直線と点●との縦の乖離は残差（=(3.23）式の OLS 残差）である．**図 3.9** は（$R3245$, $R1245$）の散布図と $b_2 = \hat{\beta}_2 = 0.7477$ の勾配をもつ直線である．直線 b_1 のまわりの散らばりは大きく，直線 b_2 のまわりの散らばりは小さい．しかし #22 の $b_1 = \hat{\beta}_1$, $b_2 = \hat{\beta}_2$ の直線からの乖離は大きく，#22 を除くと $\hat{\beta}_1$, $\hat{\beta}_2$ は大きな影響を受けることがわかる．

4

頑健回帰推定 (2)——3段階S推定，τ推定

4.1 は じ め に

OLS およびM推定の崩壊点BDPは$1/n$であり，わずか1個の外れ値で推定量は無意味な値になることがある．Y方向の大きな誤差に対してのみ頑健なM推定に対し，X方向の誤差にも有界な推定法であるBIEのBDPも$1/k$を超えることはできない．

高いBDP，可能ならば50%のBDPをもち，同時に，誤差項が正規分布のときにも高い漸近的有効性をもつ回帰係数推定量が望ましい．このような推定量を与える頑健回帰推定にS推定，τ推定，MM推定がある．本章でS推定とτ推定を説明し，MM推定は次章であつかう．

4.2節はS推定の説明である．S推定を提唱したRousseeuw and Yohai (1984) の論文で示唆されている2段階S推定を，これまで私は推奨してきた．ほとんどの状況で，2段階S推定は外れ値に適切に対処していたが，例4.1のクラフトポイントデータに示されている状況では外れ値に対処できなかった．2段階S推定の2つの問題点が明らかになった (4.2.2項)．

これまで使用していた2段階S推定は，第1段階でσと$\boldsymbol{\beta}$を，くりかえし再加重最小2乗によって同時推定し，第2段階で，第1段階のσの推定値を固定し，$\boldsymbol{\beta}$をくりかえし再加重最小2乗によって推定する方法である．くりかえし再加重の方法は，クラフトポイントのデータではσの推定値が大きくなり，規準化残差が小さくなり，外れ値のウエイトを0あるいは小さくすることに失敗する．このような問題を回避するため，4.3節で，新たに，各段階とも1ステップ推定による3段階S推定とそのアルゴリズムを提示する．クラフトポイントデータを含め，いくつかの具体例によって，この3段階S推定は，2章で示した5種類す

べての再下降 Ψ 関数において，外れ値に適切に対処できることが明らかになった．

4.4 節は Tukey の Ψ 関数を用いる τ 推定の説明である．τ 推定において，くりかえし再加重最小 2 乗による推定がほとんどの状況に対応できるが，やはり，クラフトポイントデータの状況には対応できないことがわかった．そのため，状況に応じて，τ 推定も 1 ステップ推定の方が外れ値に適切に対処できる場合がある．くりかえし再加重最小 2 乗による τ 推定のアルゴリズムと 1 ステップ推定の方法も例 4.5 の具体例において説明した．

4.2 S 推 定

BIE の崩壊点も $1/k$ を超えることはできない（Maronna et al. (1979)）．説明変数の数 k が増えれば崩壊点は低くなり，頑健性は弱い．高い崩壊点をもち，かつ誤差項が正規分布のときにも，回帰係数推定量が高い漸近的有効性を有する頑健推定法が望まれた．

S 推定を提唱した Rousseeuw and Yohai (1984) が論文で示唆している 2 段階 S 推定が高い崩壊点と同時に推定量に高い漸近的有効性を与える頑健推定法として期待された．まず S 推定について説明する．

4.2.1 S 推 定

所与の $\boldsymbol{\beta}$ に対して，標準偏差 σ の推定値 s を

$$\frac{1}{n}\sum_{i=1}^{n}\rho\left(\frac{Y_i-\boldsymbol{x}_i'\boldsymbol{\beta}}{s}\right)=b \tag{4.1}$$

の解として求める．$r_i=Y_i-\boldsymbol{x}_i'\boldsymbol{\beta}$ とすれば

$$s=s(r_1(\boldsymbol{\beta}),\cdots,r_n(\boldsymbol{\beta}))$$

である．$\boldsymbol{\beta}$ の S 推定量 $\boldsymbol{b}_{\mathrm{S}}$ は

$$\underset{\boldsymbol{b}_{\mathrm{S}}}{\text{minimize}}\ s(r_1(\boldsymbol{\beta}),\cdots,r_n(\boldsymbol{\beta})) \tag{4.2}$$

の解である．したがって

$$\hat{\sigma}=s(r_1(\boldsymbol{b}_{\mathrm{S}}),\cdots,r_n(\boldsymbol{b}_{\mathrm{S}})) \tag{4.3}$$

が標準偏差の最終的な推定量である．$s(r_1(\boldsymbol{\beta}),\cdots,r_n(\boldsymbol{\beta}))$ を最小にする推定量で

あることからS推定量とよばれる.

ここでρは1.7節で述べた次の2つの条件を満たす関数である.

(R1)　ρは対称, 連続微分可能であり

$\rho(0)=0$である.

(R2)　ρは $[0, c]$ で単調増加, $[c, \infty]$ で一定となる$c>0$が存在する.

S推定量の崩壊点

$E_\Phi(\rho)$ を標準正規分布のもとでのρの期待値とすると

(R3)　$\dfrac{E_\Phi(\rho)}{\rho(c)}=0.5$

となるように調整定数cを選べば, 漸近的崩壊点50%のS推定量を求めることができる. Tukeyの双加重のとき, 表2.1に示されているように$c=1.548$, AndrewsのΨのとき$c=0.450$である.

(R1) から (R3) の条件を満たすρ関数のもとでS推定量の崩壊点は

$$\frac{\left[\dfrac{n}{2}\right]-k+2}{n}$$

となる.

S推定量の必要条件

S推定量は, $\boldsymbol{\beta}$とσを同時推定するときのM推定量の必要条件と同じ条件 (Huber (1981) (7.10), (7.11), 蓑谷 (1992a)) を満たす. これは次のようにして示すことができる. S推定量の定義によって

$$s(\boldsymbol{\beta})=s(r_1(\boldsymbol{\beta}), \cdots, r_n(\boldsymbol{\beta}))\geq\hat{\sigma}=s(\boldsymbol{b}_\mathrm{S})$$

が成り立つ. $s(\boldsymbol{\beta})$ は

$$\frac{1}{n}\sum_{i=1}^{n}\rho\left(\frac{Y_i-\boldsymbol{x}_i'\boldsymbol{\beta}}{s(\boldsymbol{\beta})}\right)=b$$

を満たし, $\rho(r)$ はrの非減少関数であるから

$$\frac{1}{n}\sum_{i=1}^{n}\rho\left(\frac{Y_i-\boldsymbol{x}_i'\boldsymbol{\beta}}{\hat{\sigma}}\right)\geq b$$

が成立する. 等号は$\boldsymbol{\beta}=\boldsymbol{b}_\mathrm{S}$のときである. すなわち$\boldsymbol{b}_\mathrm{S}$は

$$\frac{1}{n}\sum_{i=1}^{n}\rho\left(\frac{Y_i-\boldsymbol{x}_i'\boldsymbol{\beta}}{\hat{\sigma}}\right)$$

を最小にするから, 上式を$\boldsymbol{\beta}$に関して微分して0とおき

$$\frac{1}{n}\sum_{i=1}^{n}\Psi\left(\frac{Y_i-\boldsymbol{x}_i'\boldsymbol{b}_{\mathrm{S}}}{\hat{\sigma}}\right)\boldsymbol{x}_i=\boldsymbol{0}$$

を得る．$\Psi=\rho'$ である．したがって（$\boldsymbol{b}_{\mathrm{S}}, \hat{\sigma}$）は次の方程式の解である．

$$\begin{cases}\dfrac{1}{n}\displaystyle\sum_{i=1}^{n}\Psi\left(\dfrac{Y_i-\boldsymbol{x}_i'\boldsymbol{b}_{\mathrm{S}}}{\hat{\sigma}}\right)\boldsymbol{x}_i=\boldsymbol{0}\\ \dfrac{1}{n}\displaystyle\sum_{i=1}^{n}\rho\left(\dfrac{Y_i-\boldsymbol{x}_i'\boldsymbol{b}_{\mathrm{S}}}{\hat{\sigma}}\right)=b\end{cases} \tag{4.4}$$

しかしS推定とM推定は同じではない．(4.4) 式の2番目の式に相当するM推定の式は $\rho(r)-b$ ではなく，$r\Psi(r)-\rho(r)$ であり，さらに崩壊点が両者では全く異なる．

S推定量の漸近的分布

S推定量も，M推定量と同様，Ψ は（有限個の点を除き）微分可能で，$|\Psi'|$ は有界，$E(\Psi')>0$ の条件を満たし，$\boldsymbol{X}$ 所与のとき

$$\sqrt{n}\,(\boldsymbol{b}_{\mathrm{S}}-\boldsymbol{\beta})\xrightarrow{d}N\left[\boldsymbol{0},\ \frac{E(\Psi^2)}{[E(\Psi')]^2}(\boldsymbol{X}'\boldsymbol{X})^{-1}\right] \tag{4.5}$$

と，漸近的に正規分布する．期待値の演算はすべて標準正規分布のもとでの演算である．

4.2.2 2段階S推定

S推定の提唱者 Rousseeuw and Yohai (1984) 自身が2段階S推定をその論文で示唆している．私はこれまで次のような方法を提唱してきた．Tukey の双加重を例にとる．

第1段階

調整定数を50% の崩壊点を与える 1.548 に設定する．

(4.4) 式の1番目の式よりくりかえし再加重最小2乗で $\boldsymbol{b}_{\mathrm{S}}$ を求める．

(4.4) 式の2番目の式を $\hat{\sigma}^2$ を求めるためのくりかえし型で表せば次の通りである．

$$[\hat{\sigma}^{(m+1)}]^2=\frac{1}{(n-k)E_{\Phi}(\rho)}\sum_{i=1}^{n}\rho(r_i^{(m)})\,[\hat{\sigma}^{(m)}]^2$$

$$r_i^{(m)}=\frac{Y_i-\boldsymbol{x}_i'\boldsymbol{b}_{\mathrm{S}}{}^{(m)}}{\hat{\sigma}^{(m)}} \tag{4.6}$$

上式は偏りを補正するために

$$b=\frac{n-k}{n}E_{\Phi}(\rho)$$

とおいた式である.

$\boldsymbol{b}_{\mathrm{S}}$ と $\hat{\sigma}$ を同時決定するから, 収束条件は

$$\left|\frac{\|\boldsymbol{b}_{\mathrm{S}}{}^{(m+1)}\|-\|\boldsymbol{b}_{\mathrm{S}}{}^{(m)}\|}{\|\boldsymbol{b}_{\mathrm{S}}{}^{(m)}\|}\right|\leq 0.0001 \tag{4.7}$$

かつ

$$\left|\frac{\hat{\sigma}^{(m+1)}-\hat{\sigma}^{(m)}}{\hat{\sigma}^{(m)}}\right|\leq 0.0001$$

である. 初期値 $\boldsymbol{b}_{\mathrm{S}}{}^{(0)}$ には $\boldsymbol{\beta}$ の OLSE, $\hat{\sigma}^{(0)}$ には OLS 残差を用いて計算される MAD/0.6745 による推定値を与える.

第2段階

$\hat{\sigma}$ を第1段階の収束値で固定し, 調整定数を誤差項の真の分布が正規分布のときにも, 回帰係数推定量に高い漸近的有効性を与える値に設定する. たとえば 95% の有効性を達成したいときには $c=4.691$ とする (表 2.2 参照). この固定した $\hat{\sigma}$ と高い漸近的有効性を与える調整定数のもとで, くりかえし再加重最小2乗の収束計算によって $\boldsymbol{b}_{\mathrm{S}}$ を求める. この第2段階は $\hat{\sigma}$ を高い頑健性のもとで得られる第1段階の値で固定した M 推定に他ならない.

2段階S推定の問題点

上記の2段階S推定は, ほとんどの状況で外れ値を検出し, 妥当な頑健推定値をもたらした. たとえば, 例 1.3 (データは表 1.3) の Tukey の Ψ を用いる2段階S推定値 (第1段階 $B=1.548$ で, OLS 残差を初期値, 第2段階 $B=4.691$) は以下のようになり, Tukey の Ψ を用いる表 1.4 の M 推定値, 表 3.3 の BIE 推定値と同じといってよい. (　) 内は "t 値" である.

$$\underset{(-23.12)}{Y=-5.242}+\underset{(28.92)}{0.110X}$$

$$R^2=0.985, \quad s=0.108$$

#15 から #21 までのウエイト 0

ところが次の例 4.1 のクラフトポイントのデータにおいては, モデル (4.9) 式で上記の2段階S推定は全く無意味な結果をもたらす. 次の2つの問題が生じた. Tukey の Ψ の例を挙げる.

1:　第1段階で OLS 残差から得られる

$$s_0=\frac{\mathrm{MAD}}{0.6745}$$

を $\hat{\sigma}^{(0)}$ として，$\hat{\sigma}$ と $\boldsymbol{b}_{\mathrm{S}}$ を同時決定すると，$s_0=16.61095$ と大きく，収束した $\hat{\sigma}$ は 16.79814 とさらに大きく，そのため外れ値に対処できない．第1段階で外れ値に対処できていないから，第2段階のくりかえし再加重最小2乗による収束計算の結果も，例4.1の β_1, β_2 のS推定値はそれぞれ 42.910, −0.0494 となり，頑健推定値になっていない．

2：　クラフトポイントのデータで，第1段階をOLSではなく，LMSを適用して残差から得られる $s_0=11.10118$ を $\hat{\sigma}$ を求める初期値 $\hat{\sigma}^{(0)}$ とし，$\hat{\sigma}$ と $\boldsymbol{b}_{\mathrm{S}}$ のくりかえし再加重最小2乗収束計算による同時決定ではなく，$\hat{\sigma}$ のみの1ステップで

$$\hat{\sigma}^2=\frac{1}{(n-k)E_{\Phi}(\rho)}\sum_{i=1}^{n}\rho[u_i^{(0)}]s_0^2 \tag{4.8}$$

$$u_i^{(0)}=\text{LMS 残差 } r_i/s_0$$

を求め，$\hat{\sigma}=11.94307$ を固定する．

第2段階で，くりかえし再加重最小2乗収束計算によって $\boldsymbol{b}_{\mathrm{S}}$ を求めると，β_1, β_2 のS推定値はそれぞれ 40.681, −0.0425 となり外れ値に対処できず，やはり頑健推定には失敗する．

以上の経験から，これまで提唱してきた2段階S推定ではなく，次のような3段階S推定を提唱したい．

4.3　3段階S推定とアルゴリズム

Tukey の Ψ と表4.1のクラフトポイントデータを具体例として，モデル(4.9)式の3段階S推定のアルゴリズムを以下に示す．

第1段階

LMS（あるいはLTS）を適用し，残差 r_i から σ の推定値

$$s_0=\frac{\mathrm{MAD}}{0.6745}$$

を求める．表4.1のデータのLMS残差からは $s_0=11.10118$ が得られる．

第2段階

調整定数Bを，BDP 50%となる1.548とする．(4.8) 式を用いて，1ステップσ推定値$\hat{\sigma}=11.94307$を得る．(4.8) 式の$E_{\Phi}(\rho)$はロンバーグ積分で求める．

$$u_i=\frac{r_i}{\hat{\sigma}}$$

と規準化し，ウエイト関数$w(u_i)$からウエイトw_i^*, $i=1, \cdots, n$を求め，加重変数

$$\begin{aligned}Y_i^* &= w_i^{*\frac{1}{2}} KRAFFT_i\\ X_{ji}^* &= w_i^{*\frac{1}{2}} X_{ji}\\ &X_{1i}=1,\quad X_{2i}=HEAT_i\\ &i=1, \cdots, n\end{aligned}$$

を計算する．

この加重変数を用いて，Y^*のX_1^*, X_2^*への回帰

$$Y_i^*=\gamma_1 X_{1i}^*+\gamma_2 X_{2i}^*+\varepsilon_i^*$$

のパラメータγ_1, γ_2をOLSで推定する．表4.1のクラフトポイントデータの例で，$B=1.548$，TukeyのΨのとき

$$\hat{\gamma}_1=-157.315,\quad \hat{\gamma}_2=0.558$$

が得られる．第2段階のパラメータ推定値を用いて得られる残差を

$$\begin{aligned}e_i &= KRAFFT_i-(\hat{\gamma}_1+\hat{\gamma}_2 HEAT_i)\\ &i=1, \cdots, n\end{aligned}$$

とする．

第3段階

調整定数Bを，正規分布のもとで漸近的有効性95%を与える$B=4.691$とする．第2段階の$\hat{\sigma}$を固定し

$$v_i=\frac{e_i}{\hat{\sigma}}$$

と，ウエイト関数$w(v_i)$より，ウエイトw_iを求め，第2段階と同様に加重変数を計算し，加重変数にOLSを適用し，パラメータ推定値を求める．この推定値が3段階S推定値である．表4.1のクラフトポイントデータを用いたTukeyのΨのケースは，表4.3にも示したが

$$\hat{\beta}_1 = -140.028, \quad \hat{\beta}_2 = 0.499$$

となる.

▶例 4.1　クラフトポイントと形成熱

表 4.1 はクラフトポイントといわれる化合物のある物理的特性($KRAFFT$)と，形成熱（$HEAT$）のデータである．モデル

$$KRAFFT_i = \beta_1 + \beta_2 HEAT_i + \varepsilon_i \tag{4.9}$$
$$\varepsilon_i \sim \mathrm{iid}(0, \sigma^2), \quad i = 1, \cdots, n$$

を仮定する.

表 4.1　クラフトポイントデータ

i	$KRAFFT$	$HEAT$	i	$KRAFFT$	$HEAT$	i	$KRAFFT$	$HEAT$
1	7.0	296.1	12	8.0	289.3	23	8.1	320.0
2	16.0	303.0	13	22.0	226.8	24	24.2	334.0
3	11.0	314.3	14	33.0	240.5	25	36.2	347.0
4	20.8	309.8	15	35.5	247.4	26	0.0	307.0
5	21.0	316.7	16	42.0	254.2	27	12.5	321.0
6	31.5	335.5	17	48.0	261.0	28	26.5	335.0
7	31.0	330.4	18	50.0	267.0	29	39.0	349.0
8	25.0	328.0	19	62.0	274.0	30	36.0	378.0
9	38.2	337.2	20	57.0	281.0	31	24.0	425.0
10	40.5	344.1	21	20.2	307.0	32	19.0	471.0
11	30.0	341.7	22	0.0	306.0			

出所：Maronna et al. (2006), p. 147, Table5. 6.

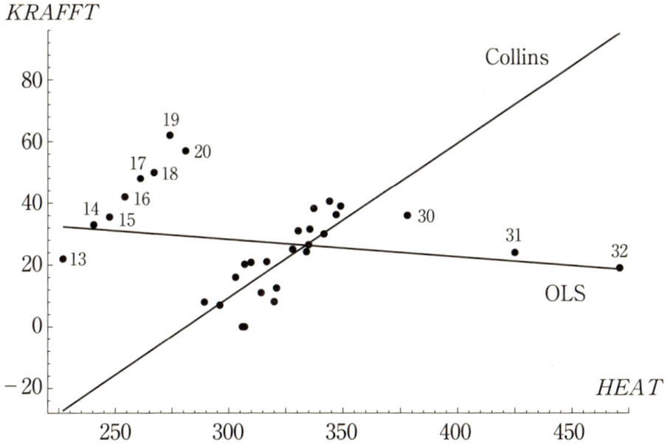

図 4.1　($HEAT$, $KRAFFT$) の散布図と OLS および Collins の 3 段階 S 推定の標本回帰線

OLSおよび3段階S推定による (4.9) 式の推定結果は表4.3に示されている．OLSで，検定統計量

$$\mathrm{BP}=2.92411(0.087),\quad \mathrm{W}=3.31064(0.191)$$
$$\mathrm{RESET}(2)=0.592002(0.448)$$
$$\mathrm{RESET}(3)=0.808130(0.456)$$

の値から，不均一分散や定式化ミスは検出されない．

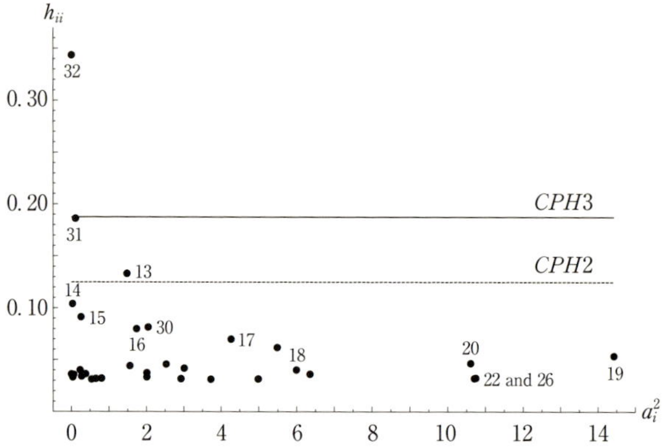

図 4.2 (4.9) 式OLSの *LR* プロット

表 4.2 (4.9) 式のOLS残差 e, h_{ii} 等

i	e	h_{ii}	MD_i^2	a_i^2	t_i	i	e	h_{ii}	MD_i^2	a_i^2	t_i
1	−21.45	0.036	0.152	6.36	−1.43	17	17.58	0.070	1.193	4.27	1.18
2	−12.06	0.033	0.063	2.01	−0.78	18	19.92	0.062	0.945	5.48	1.34
3	−16.42	0.031	0.001	3.73	−1.08	19	32.31	0.054	0.693	14.43	2.28
4	−6.87	0.032	0.013	0.65	−0.44	20	27.71	0.047	0.479	10.61	1.91
5	−6.29	0.031	0.001	0.55	−0.41	21	−7.63	0.032	0.029	0.80	−0.49
6	5.27	0.036	0.159	0.38	0.34	22	−27.89	0.032	0.037	10.75	−1.90
7	4.48	0.034	0.088	0.28	0.29	23	−19.00	0.032	0.008	4.99	−1.25
8	−1.65	0.033	0.062	0.04	−0.11	24	−2.11	0.036	0.136	0.06	−0.14
9	12.07	0.037	0.188	2.01	0.79	25	10.62	0.044	0.396	1.56	0.69
10	14.76	0.042	0.326	3.01	0.97	26	−27.83	0.032	0.029	10.70	−1.90
11	4.12	0.040	0.274	0.23	0.27	27	−14.54	0.032	0.012	2.92	−0.95
12	−20.83	0.040	0.276	5.99	−1.39	28	0.24	0.036	0.151	0.00	0.02
13	−10.34	0.133	3.158	1.48	−0.71	29	13.53	0.046	0.448	2.53	0.89
14	1.43	0.104	2.259	0.03	0.10	30	12.16	0.082	1.563	2.04	0.81
15	4.31	0.091	1.863	0.26	0.29	31	2.81	0.186	4.801	0.11	0.20
16	11.20	0.080	1.509	1.73	0.75	32	0.40	0.344	9.686	0.00	0.03

$3k/n=0.1875,\ 2k/n=0.125,\ \chi^2_{0.05}(1)=3.841.$

SW(シャピロ・ウイルクテスト)＝0.97894(0.807)

から，ε_iの正規性も成り立つ.

しかし，このOLS推定は**図4.1**の散布図をみればわかるように，#13から#20, 31, 32に引っ張られて負の勾配をもたらしている．**図4.2**のLRプロットおよび**表4.2**から，#32はきわめて高い作用点（X方向の外れ値）であり，#13, 31も$2k/n=0.1875$を超える．$100\times 3/n=9.38$(%）を超えるa_i^2は#20, 22, 26, 19である．マハラノビスの距離の2乗MD_i^2が$\chi^2_{0.05}(1)=3.841$を超えるのは#31と#32のみである.

このクラフトポイントデータの3段階S推定値も**表4.3**に示されている．Collins, Hampel, tanhの3ケースは全く同じ推定結果を与える．Tukeyと

表4.3　(4.9）式のOLSおよび3段階S推定値

	OLS			Tukey			Andrews		
	係数	標準偏差	t値	係数	標準偏差	z値	係数	標準偏差	z値
定数項	45.105	17.837	2.53	−140.028	21.034	−6.66	−143.022	20.846	−6.86
$HEAT$	−0.05626	0.05585	−1.01	0.499	0.0647	7.72	0.508	0.0641	7.94
R^2	0.0327			0.833			0.841		
s	15.531			5.968			5.870		
調整定数	第2段階			$B=1.548$			$A=0.450$		
	第3段階			$B=4.691$			$A=1.339$		
ウエイト0の観測値番号				14, 16, 17, 18, 19, 20, 31, 32 (13→0.013640, 15→0.0023595)			13, 14, 15, 16, 17, 18, 19, 20, 30, 31, 32		

	Collins			Hampel			tanh		
	係数	標準偏差	z値	係数	標準偏差	z値	係数	標準偏差	z値
定数項	−140.851	20.967	−6.72	−140.851	20.967	−6.72	−140.851	20.967	−6.72
$HEAT$	0.501	0.0644	7.78	0.501	0.0644	7.78	0.501	0.0644	7.78
R^2	0.832			0.832			0.832		
s	6.125			6.125			6.125		
調整定数 第2段階	$x_0=0.5005$, $x_1=1.044428$, $r=1.5$			$\alpha=0.5$, $\beta=0.7797$, $\gamma=1.5$			$r=1.4703$, $K=3.5$, $A=0.113080$, $B=0.183098$, $p=0.192863$		
第3段階	$x_0=1.5908$, $x_1=1.651462$, $r=4.0$			$\alpha=1.5$, $\beta=2.547$, $\gamma=4.0$			$r=3.866$, $K=4.5$, $A=0.791269$, $B=0.867004$, $p=1.610632$		
ウエイト0の観測値番号	13, 14, 15, 16, 17, 18, 19, 20, 31, 32			13, 14, 15, 16, 17, 18, 19, 20, 31, 32			13, 14, 15, 16, 17, 18, 19, 20, 31, 32		

AndrewsのΨのβ_jの推定値はこれら3ケースとは若干異なるが，違いはわずかである．

図4.2 LRプロットの$CPH2 = 2k/n$，$CPH3 = 3k/n$である．Collins, Hampel, tanhは#13から#20, 31, 32のウエイトを0にする．図4.1の散布図のOLSとCollinsの標本回帰線を比較されたい．Andrewsのケースはさらに#30のウエイトも0にするので，β_2の推定値は0.508と他のΨ関数のケースとくらべて一番大きく，Tukeyのケースは，#13, 15のウエイトが0に近いとはいえ，0ではないので，β_2の推定値は0.499と一番小さい．

いずれにせよ，すべての残差のウエイトが1に等しいOLSと，X, Y両方向および線形回帰からの外れ値のウエイトを0もしくは0近くまで小さくする3段階S推定値とは大きく異なる．

例3.2で説明した方法によるTukeyのΨを用いるBIEは，#13から#20, 31, 32の10個のウエイトを0にし，次の推定結果を与える．(　) 内は"t値"である．

$$\underset{}{KRAFFT} = \underset{(-6.82)}{-141.489} + \underset{(7.90)}{0.503}HEAT$$

$$R^2 = 0.840, \quad s = 5.803$$

▶例4.2　星の表面有効温度と光強度

例3.3でOLSとBIEによる星の表面有効温度の対数 (X) と光強度の対数 (Y) のモデル

$$Y_i = \beta_1 + \beta_2 X_i + \varepsilon_i \tag{4.10}$$
$$\varepsilon_i \sim \mathrm{iid}(0, \sigma^2)$$

の推定を示した (表3.5)．

(4.10) 式の3段階S推定値は**表4.4**である．BIEと同様，5種類のΨ関数すべてで，#11, 20, 30, 34のウエイトは0になり，CollinsのΨは#7のウエイトも0，その他のΨ関数は#7のウエイトを0ではないが，かなり小さく下げている．

β_2の3段階S推定値は，tanhが約2.6，Hampelが約2.7と少し小さいが，他の3Ψ関数は約2.9である．

表 4.4　(4.10) 式の3段階S推定値

	Tukey			Andrews			Collins		
	係数	標準偏差	z 値	係数	標準偏差	z 値	係数	標準偏差	z 値
定数項	−7.691	1.856	−4.14	−7.567	1.858	−4.07	−7.931	1.889	−4.20
X	2.866	0.422	6.80	2.838	0.422	6.72	2.920	0.429	6.81
R^2	0.954			0.953			0.957		
s	0.329			0.331			0.337		
調整定数 第2段階	$B=1.548$			$A=0.450$			$x_0=0.5005,\ x_1=1.044428,\ r=1.5$		
第3段階	$B=4.691$			$A=1.339$			$x_0=1.5908,\ x_1=1.651462,\ r=4.0$		
ウエイト0の観測値番号	11, 20, 30, 34, 7→0.089627			11, 20, 30, 34, 7→0.10523			7, 11, 20, 30, 34		

	Hampel			tanh		
	係数	標準偏差	z 値	係数	標準偏差	z 値
定数項	−7.154	1.892	−3.78	−6.524	1.880	−3.47
X	2.745	0.430	6.39	2.603	0.427	6.09
R^2	0.949			0.944		
s	0.349			0.357		
調整定数 第2段階	$\alpha=0.5,\ \beta=0.7797,\ \gamma=1.5$			$r=1.4703,\ K=3.5,\ A=0.113080,\ B=0.183098,\ p=0.192863$		
第3段階	$\alpha=1.5,\ \beta=2.547,\ \gamma=4.0$			$r=3.866,\ K=4.5,\ A=0.791269,\ B=0.867004,\ p=1.610632$		
ウエイト0の観測値番号	11, 20, 30, 34, 7→0.12423			11, 20, 30, 34, 7→0.24871		

▶例 4.3　登山レースの優勝時間

表 4.5 のデータは，1984 年に開催された登山レースの記録である．表の

$$RTIME = \text{優勝時間（単位：分）}$$

$$DIST = \text{距離（単位：マイル）}$$

$$CLIMB = \text{登山高度（単位：フィート）}$$

である．たとえば #1 は高度 650 フィート（約 198 m），距離 2.5 マイル（約 4 km）の登山レースの優勝時間が 16.083 分であった，ということを表している．

$$RTIME_i = \alpha_1 + \alpha_2 DIST_i + \alpha_3 CLIMB_i + u_i$$

表 4.5　登山レースのデータ

i	*RTIME*	*DIST*	*CLIMB*	i	*RTIME*	*DIST*	*CLIMB*	i	*RTIME*	*DIST*	*CLIMB*
1	16.083	2.5	650	13	65.000	9.5	2200	25	18.683	3.0	600
2	48.350	6.0	2500	14	44.133	6.0	500	26	26.217	4.0	2000
3	33.650	6.0	900	15	26.933	4.5	1500	27	34.433	6.0	800
4	45.600	7.5	800	16	72.250	10.0	3000	28	28.567	5.0	950
5	62.267	8.0	3070	17	98.417	14.0	2200	29	50.500	6.5	1750
6	73.217	8.0	2866	18	78.650	3.0	350	30	20.950	5.0	500
7	204.617	16.0	7500	19	17.417	4.5	1000	31	85.583	10.0	4400
8	36.367	6.0	800	20	32.567	5.5	600	32	32.383	6.0	600
9	29.750	5.0	800	21	15.950	3.0	300	33	170.250	18.0	5200
10	39.750	6.0	650	22	27.900	3.5	1500	34	28.100	4.5	850
11	192.667	28.0	2100	23	47.650	6.0	2200	35	159.833	20.0	5000
12	43.050	5.0	2000	24	17.933	2.0	900				

出所：Staudte and Sheather (1990), p. 267, Table 7.9.

を OLS で推定すると次式を得る．（　）内は t 値である．

$$RTIME = \underset{(-2.09)}{-8.991} + \underset{(10.34)}{6.218}DIST + \underset{(5.39)}{0.0110}CLIMB$$

$$R^2 = 0.919, \quad s = 14.675$$

$$\mathrm{BP} = 0.363902(0.834), \quad \mathrm{W} = 3.82794(0.574)$$

$$\mathrm{RESET}(2) = 11.6063(0.002)$$

$$\mathrm{RESET}(3) = 6.21156(0.006)$$

不均一分散の心配はないが，RESET テストは定式化ミスを示唆している．*CLIMB* にのみボックス・コックス変換したモデル

$$RTIME_i = \gamma_1 + \gamma_2 DIST_i + \gamma_3\left(\frac{CLIMB_i^{\lambda} - 1}{\lambda}\right) + v_i$$

の λ の最尤推定値は 2.44 となるので

$$X_{3i} = CLIMB_i^{2.44} \times 10^{-8}$$

と表し，定数項は 0 と仮定できるから，モデルを

$$Y_i = \beta_1 X_{2i} + \beta_3 X_{3i} + \varepsilon_i \tag{4.11}$$

$$\varepsilon_i \sim \mathrm{iid}(0, \sigma^2)$$

と定式化した．$Y = RTIME$，$X_2 = DIST$ である．

OLS による（4.11）式の推定結果は**表 4.6** に，残差，h_{ii} 等は**表 4.7** に示されている．OLS の推定結果から

$$\mathrm{BP} = 0.623158(0.732), \quad \mathrm{W} = 0.0037502(1.000)$$

表 4.6　(4.11) 式の OLS および 3 段階 S 推定値

	OLS			Tukey			Andrews		
	係数	標準偏差	t 値	係数	標準偏差	z 値	係数	標準偏差	z 値
X_2	6.577	0.272	24.20	6.088	0.181	33.60	6.125	0.186	32.93
X_3	3.491	0.438	7.98	4.761	0.461	10.34	4.467	0.462	9.68
R^2	0.946			0.979			0.979		
s	11.786			4.599			4.787		
調整定数	第2段階			$B=1.548$			$A=0.450$		
	第3段階			$B=4.691$			$A=1.339$		
ウエイト0の観測値番号				7, 18, 11→0.0058105			7, 18, 11→0.018437		

	Collins			Hampel			tanh		
	係数	標準偏差	z 値	係数	標準偏差	z 値	係数	標準偏差	z 値
X_2	6.107	0.187	32.68	6.127	0.190	32.25	6.130	0.193	31.81
X_3	4.721	0.480	9.83	4.617	0.482	9.57	4.588	0.488	9.41
R^2	0.978			0.978			0.978		
s	4.881			5.010			5.109		
調整定数 第2段階	$x_0=0.5005$, $x_1=1.044428$, $r=1.5$			$\alpha=0.5$, $\beta=0.7797$, $\gamma=1.5$			$r=1.4703$, $K=3.5$, $A=0.113080$, $B=0.183098$, $p=0.192863$		
第3段階	$x_0=1.5908$, $x_1=1.651462$, $r=4.0$			$\alpha=1.5$, $\beta=2.547$, $\gamma=4.0$			$r=3.866$, $K=4.5$, $A=0.791269$, $B=0.867004$, $p=1.610632$		
ウエイト0の観測値番号	7, 11, 18			7, 11, 18			7, 11, 18		

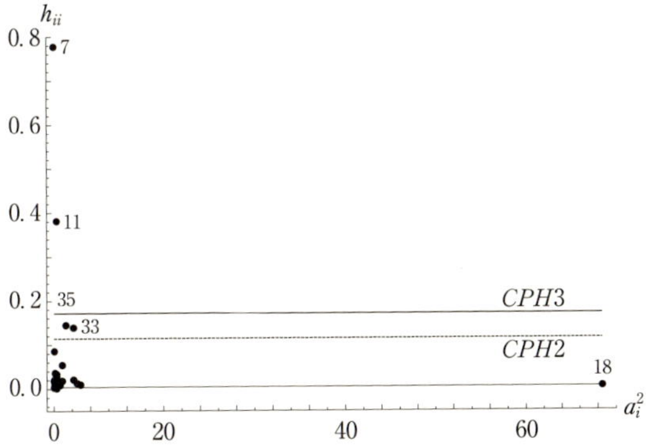

図 4.3　(4.11) 式の OLS の LR プロット

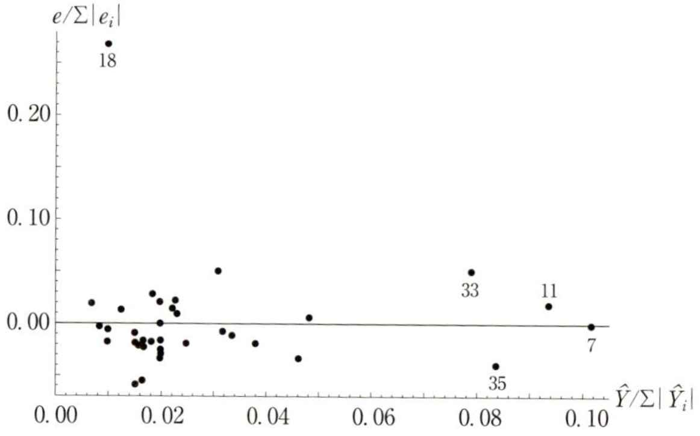

図 4.4　(4.11) 式の OLS の e-$\hat{Y}$ プロット

表 4.7　(4.11) 式の OLS 残差 e, h_{ii} 等

i	e	h_{ii}	MD_i^2	a_i^2	t_i	i	e	h_{ii}	MD_i^2	a_i^2	t_i
1	−0.613	0.003	0.836	0.01	−0.05	19	−12.907	0.010	0.314	3.63	−1.10
2	2.069	0.012	0.086	0.09	0.17	20	−3.813	0.016	0.205	0.32	−0.32
3	−6.373	0.018	0.167	0.89	−0.54	21	−3.818	0.005	0.672	0.32	−0.32
4	−4.147	0.029	0.233	0.38	−0.35	22	2.921	0.005	0.538	0.19	0.24
5	−1.605	0.021	0.029	0.06	−0.14	23	3.197	0.013	0.077	0.22	0.27
6	11.084	0.021	0.009	2.68	0.95	24	4.216	0.002	1.028	0.39	0.35
7	−0.165	0.777	25.587	0.00	−0.03	25	−1.256	0.005	0.673	0.03	−0.11
8	−3.515	0.018	0.172	0.27	−0.30	26	−4.047	0.006	0.430	0.36	−0.34
9	−3.556	0.013	0.247	0.28	−0.30	27	−5.449	0.018	0.172	0.65	−0.46
10	0.036	0.019	0.179	0.00	0.00	28	−4.959	0.012	0.242	0.54	−0.42
11	4.067	0.381	20.489	0.36	0.43	29	4.896	0.018	0.080	0.52	0.41
12	6.210	0.009	0.210	0.84	0.52	30	−12.067	0.013	0.254	3.18	−1.03
13	−2.471	0.037	0.307	0.13	−0.21	31	−7.281	0.055	1.046	1.16	−0.63
14	4.540	0.019	0.184	0.45	0.38	32	−7.286	0.019	0.181	1.16	−0.62
15	−4.623	0.009	0.302	0.47	−0.39	33	11.137	0.139	4.331	2.71	1.02
16	−4.159	0.034	0.215	0.38	−0.35	34	−1.985	0.010	0.318	0.09	−0.17
17	1.352	0.086	2.265	0.04	0.12	35	−8.715	0.145	5.251	1.66	−0.79
18	58.864	0.005	0.672	75.58	10.05						

$3k/n = 0.171$, $2k/n = 0.114$, $\chi^2_{0.05}(2) = 5.991$.

$$\text{RESET}(2) = 0.100755(0.753)$$
$$\text{RESET}(3) = 0.058412(0.943)$$

が得られ，不均一分散や定式化ミスは検出されない．しかし

$$\text{SW} = 0.62575(0.000)$$
$$\text{標本歪度} = 3.760, \quad \text{標本尖度} = 22.682$$

と，(4.11) 式の ε は強い非正規性を示す．

表4.6，**図4.3**のLRプロット，**図4.4**のe-$\hat{Y}$プロットから，#18は異常な値であることがわかる．#18の350フィート(約107 m)の高度，3マイル(約4.8 km)の距離の優勝時間78.65分は明らかに転記ミスであろう．#7，11はh_{ii}でもMD_i^2でも明らかにX方向の外れ値である．

$(\bar{X}_2, \bar{X}_3)=(7.529, 2.316)$ であるが，#7の $(X_2, X_3)=(16.0, 28.52)$，#11の $(X_2, X_3)=(28.0, 1.277)$ と#7と#11は $(\bar{X}_2, \bar{X}_3)$ から遠く離れており(**図4.5**)，OLSはこの高い作用点に対する当てはまりを良くする．このことは**図4.6**，**図4.7**の偏回帰作用点プロットから明らかである．

Rij＝変数iの変数jへの定数項なしの線形回帰のOLS残差

とする．したがって図4.6の

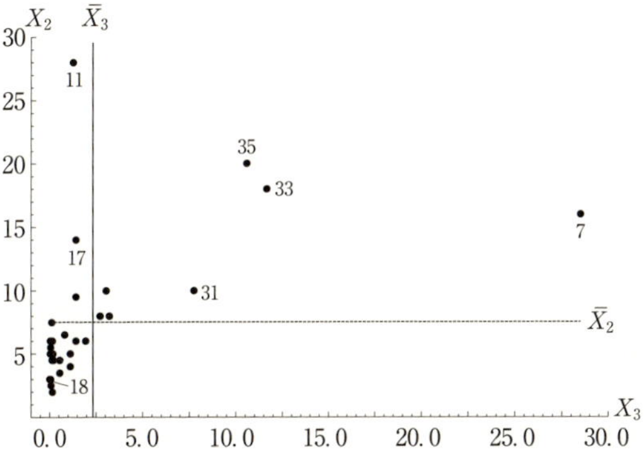

図4.5　(4.11) 式の (X_3, X_2) 散布図

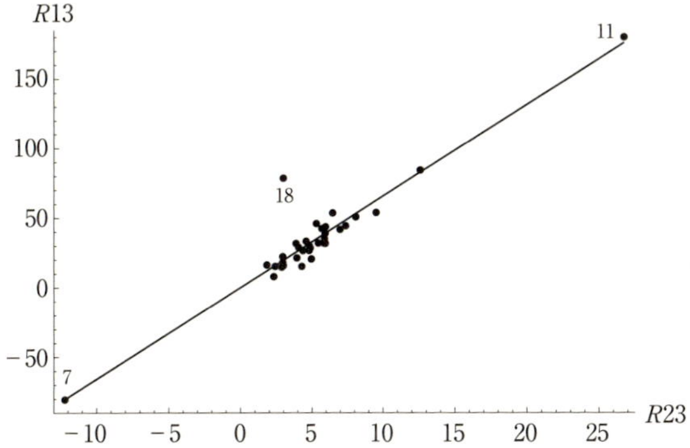

図4.6　偏回帰作用点プロット ($\hat{\beta}_1=6.577$)

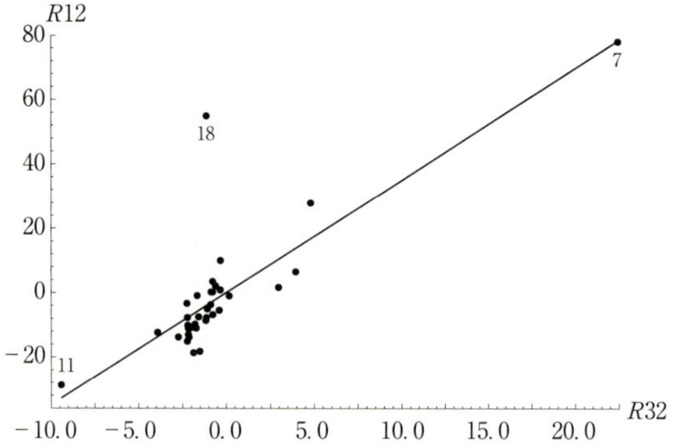

図 4.7　偏回帰作用点プロット ($\hat{\beta}_2=3.491$)

$$R13=b_1R23$$

の $b_1=\beta_1$ の OLSE=6.577，図 4.7 の

$$R12=b_2R32$$

の $b_2=\beta_2$ の OLSE=3.491 である．

#7，11 への適合度を OLS は高くしようとするから，表 4.7 の a_i^2 は小さい．

(4.11)式の3段階S推定値も表4.6に示されている．5種類の Ψ 関数すべてが，#7 と #18 のウエイトを 0 にし，Collins，Hampel，tanh は #11 のウエイトも 0，Tukey と Andrews の Ψ は #11 のウエイトを 0 ではないが，ほぼ 0 に下げるといってよい．

β_1 の 3 段階 S 推定値はどの Ψ 関数を用いても約 6.1 と OLS 推定値の約 6.6 より小さく，β_2 の 3 段階 S 推定値は逆に OLS 推定値の約 3.5 より大きく，4.5 から 4.7 である．

(4.11) 式の BIE (Tukey の Ψ) は

$$Y=\underset{(48.56)}{6.406}X_2+\underset{(14.78)}{3.575}X_3$$

$$R^2=0.984,\quad s=4.725$$

となり，3 段階 S 推定値とかなり異なる．BIE は高い作用点にも頑健な方法として提唱されたが，#18 の Y 方向の外れ値に対してのみウエイトを 0 にする．#7 と #11 の高い作用点に対する BIE のウエイトは，それぞれ 0.47155，0.48324 と小さくはなるが，0 よりかなり大きい．高い作用点に対しても，BIE より 3 段階 S 推定の方が頑健な場合がある，ということをこの例は示している．

▶例 4.4 肝臓手術後の生存時間

例 3.5 で，肝臓手術後の患者の生存時間を 4 個の予測因子で説明するモデル (3.23) 式を BIE で推定した（表 3.9）.

同じモデル（3.23）式を 3 段階 S 推定で推定してみよう．5 種類の Ψ 関数はすべて，3 段階 S 推定でウエイトが 0 になる観測値はなく，Ψ 関数の相違によるパラメータ推定値の違いは小さいので，Tukey の Ψ 関数（調整定数の値は第 2 段階 1.548，第 3 段階 4.691）の 3 段階 S 推定値のみ示す．（　）内は z 値である．

$$\underset{(8.98)}{Y=0.6167X_2}+\underset{(23.18)}{0.7635X_3}+\underset{(7.62)}{0.0905X_4}+\underset{(6.18)}{0.1683X_5} \tag{4.12}$$

$$R^2=0.983,\quad s=0.129$$

Tukey の Ψ による BIE からのパラメータ推定値は

0.6783，0.7212，0.1039，0.1575

であるから，X_2 の係数，X_4 の係数は 3 段階 S 推定値の方が BIE より小さく，X_3，X_5 の係数は 3 段階 S 推定値の方が大きい．とくに，X_2，X_3 の係数推定値の相違は大きい.

3 段階 S 推定でウエイトが 0 になる観測値はないが，ウエイトが小さくなるのは，下げの大きい順に

#18→0.12474，#38→0.20198，#22→0.22670，#5→0.32509

となる．Ψ 関数によってウエイトの大きさは違うが，下げの大きさの順はどの Ψ 関数も同じである．#38 は X 方向の外れ値，#18，#22 は Y 方向の外れ値，#5 は X，Y 両方向の外れ値である（図 3.7 *LR* プロット参照）.

X_j の Y への弾性値は大きい順に次のようになる.

$$\eta_4=1.792,\quad \eta_3=0.763,\quad \eta_2=0.617,\quad \eta_5=0.318$$

大きさの順は BIE と同じであるが，BIE（Tukey）は，上の順序で次の値であった.

1.922，0.721，0.678，0.297

BIE と 3 段階 S 推定で，η_5 はほとんど同じであるが，3 段階 S 推定の方が η_4，η_2 は BIE より小さく，η_3 は BIE より大きい.

4.4 τ 推 定

BDP 約 50% の高い頑健性と同時に，正規分布のもとでも回帰係数推定量が高

い漸近的有効性をもつ頑健推定に τ 推定がある．

τ 推定は Yohai and Zamar (1988) によって導入された．τ 推定量は次の制約つき最小問題の解として得られる．

$$\underset{\boldsymbol{\beta},\ \sigma^2}{\text{minimize}}\ \sigma^2\left[\frac{1}{n}\sum_{i=1}^{n}\rho_2\left(\frac{Y_i-\boldsymbol{x}_i'\boldsymbol{\beta}}{\sigma}\right)\right]$$

$$\text{subject to}\ \frac{1}{n}\sum_{i=1}^{n}\rho_1\left(\frac{Y_i-\boldsymbol{x}_i'\boldsymbol{\beta}}{\sigma}\right)=b_1 \tag{4.13}$$

ここで ρ_1, ρ_2 は次の性質をもつ関数である．

［仮定 1］

1. $\rho(0)=0$
2. $\rho(-r)=\rho(r)$
3. $0\leq r\leq t$ ならば $\rho(r)\leq\rho(t)$
4. ρ は連続
5. $a=\sup(\rho)$ とするとき $0<a<\infty$
6. $\rho(r)<a$ でかつ $0\leq r<t$ ならば $\rho(r)<\rho(t)$

ラグランジュ未定乗数を λ とし，ラグランジュアンを ϕ とすれば

$$\phi=\sigma^2\frac{1}{n}\sum_{i=1}^{n}\rho_2(r_i)-\lambda\left\{\frac{1}{n}\sum_{i=1}^{n}\rho_1(r_i)-b_1\right\}$$

$$r_i=\frac{Y_i-\boldsymbol{x}_i'\boldsymbol{\beta}}{\sigma}$$

である．

$$\frac{\partial\phi}{\partial\boldsymbol{\beta}}=\sigma^2\frac{1}{n}\sum_{i=1}^{n}\Psi_2(r_i)\left(-\frac{\boldsymbol{x}_i}{\sigma}\right)-\lambda\left\{\frac{1}{n}\sum_{i=1}^{n}\Psi_1(r_i)\left(-\frac{\boldsymbol{x}_i}{\sigma}\right)\right\}=\mathbf{0}$$

$$\frac{\partial\phi}{\partial\sigma^2}=\frac{1}{n}\sum_{i=1}^{n}\rho_2(r_i)+\sigma^2\frac{1}{n}\sum\Psi_2(r_i)\left(-\frac{1}{2}\right)r_i\left(\frac{1}{\sigma^2}\right)$$
$$-\lambda\left\{\frac{1}{n}\sum_{i=1}^{n}\Psi_1(r_i)\left(-\frac{1}{2}\right)r_i\left(\frac{1}{\sigma^2}\right)\right\}=0$$

を解くと

$$\sum_{i=1}^{n}\left[W_n\Psi_1(r_i)+\Psi_2(r_i)\right]\boldsymbol{x}_i=\mathbf{0} \tag{4.14}$$

が得られる．ここで

$$W_n=\frac{\sum_{i=1}^{n}[2\rho_2(r_i)-\Psi_2(r_i)r_i]}{\sum_{i=1}^{n}\Psi_1(r_i)r_i} \tag{4.15}$$

であり，$\Psi_1=\rho_1'$, $\Psi_2=\rho_2'$ である．

そして（4.14）式，（4.15）式の r_i は

$$r_i=\frac{Y_i-\boldsymbol{x}_i'\boldsymbol{\beta}}{s}$$

とすれば，s は

$$\frac{1}{n}\sum_{i=1}^{n}\rho_1\left(\frac{Y_i-\boldsymbol{x}_i'\boldsymbol{\beta}}{s}\right)=b_1 \tag{4.16}$$

を満たす．

さらに ρ_2 は

［仮定 2］

$$2\rho_2(u)-\Psi_2(u)u\geq 0$$

を満たすとすれば $W_n\geq 0$ であり，$\boldsymbol{\beta}$ の τ 推定量は

$$\Psi(u)=W_n\Psi_1(u)+\Psi_2(u) \tag{4.17}$$

の Ψ 関数をもつ M 推定量と考えることができる．

Yohai and Zamar（1988）は仮定 1 を満たす ρ_1 および ρ_2，仮定 2 を満たす ρ_2，さらに

［仮定 3］

$$\frac{b_1}{a}=0.5$$

を満たす ρ_1 のもとで，τ 推定量の崩壊点は漸近的に 50% となることを示した．しかも崩壊点がいくつになるかは ρ_1 にのみ仮定 3 の制約を課し，ρ_2 には制約が課されないことを明らかにした．したがって，ρ_1 に高い崩壊点を与える関数を選び，正規分布のときにも ρ_2 に高い漸近的有効性を与える関数を選ぶことによって高い崩壊点と高い漸近的有効性をもつ回帰係数推定量を得ることができる．

Tukey の Ψ（双加重）を与える損失関数を ρ_1, ρ_2 に採ると，双加重は仮定 1 を満たす．そして

表 4.8　τ推定の調整定数 c_2 と漸近的有効性

c_2	Q	P	V	EF
4.967	0.8733788	0.8865919	1.1111051	0.90
6.039	0.8938228	0.9214845	1.0526292	0.95
9.168	0.9406461	0.9650090	1.0100981	0.99

注：調整定数 c_1 は 1.548 に固定して計算.

$$\Psi(u)=\begin{cases} u\left[1-\left(\dfrac{u}{c}\right)^2\right]^2 & |u|\leq c \\ 0 & |u|>c \end{cases}$$

であるから

$$2\rho_2(u)-\Psi_2(u)u=\begin{cases} \dfrac{u^4}{c^2}\left[1-\dfrac{2}{3}\left(\dfrac{u}{c}\right)^2\right] & |u|\leq c \\ \dfrac{c^2}{3} & |u|>c \end{cases} \tag{4.18}$$

となり，仮定2も満たされる.

ρ_1 の調整定数 c_1 は，50% の崩壊点を与える 1.548 を与え，ρ_2 の調整定数 c_2 は，正規分布のもとで回帰係数推定量に 95% の漸近的有効性を与える 6.039 を与えればよい（**表 4.8** 参照）．表 4.8 は，$c_1=1.548$ に固定して，c_2 を動かし

$$W_0=\frac{E[2\rho_2(u)-\Psi_2(u)u]}{E[\Psi_1(u)u]}$$

$$\Psi(u)=W_0\Psi_1(u)+\Psi_2(u)$$

とおき，$c_2>c_1>0$ であるから

$$\begin{aligned} Q&=E(\Psi^2) \\ &=\int_{-c_1}^{c_1}\left[W_0\Psi_1(u)+\Psi_2(u)\right]^2\phi(u)\,du+2\int_{c_1}^{c_2}\left[\Psi_2(u)\right]^2\phi(u)\,du \\ P&=E(\Psi') \\ &=W_0\int_{-c_1}^{c_1}\Psi_1'(u)\phi(u)\,du+\int_{-c_2}^{c_2}\Psi_2'(u)\phi(u)\,du \end{aligned}$$

をロンバーグ積分によって求め

$$\text{漸近的分散 } V=\frac{E(\Psi^2)}{[E(\Psi')]^2}=\frac{Q}{P^2}$$

$$\text{漸近的有効性 } EF=\frac{1}{V}$$

を計算したとき，EF が 90，95，99% となる調整定数 c_2 の値である．ここで

$$\phi(u) = \frac{1}{\sqrt{2\pi}} \mathrm{e}^{-\frac{u^2}{2}}$$

である．

結局 τ 推定量は

$$\begin{cases} \dfrac{1}{n}\sum \Psi(r_i)\boldsymbol{x}_i = \boldsymbol{0} \\ \dfrac{1}{n}\sum \rho_1(r_i) = b_1 \end{cases}$$

$$\Psi(r_i) = W_n\Psi_1(r_i) + \Psi_2(r_i)$$

$$W_n = \frac{\sum_{i=1}^{n} [2\rho_2(r_i) - \Psi_2(r_i) r_i]}{\sum_{i=1}^{n} \Psi_1(r_i) r_i}$$

$$r_i = \frac{Y_i - \boldsymbol{x}_i' \boldsymbol{\beta}}{\sigma}$$

の解として得られる．

τ 推定によって得られる $\boldsymbol{\beta}$ の推定量 $\boldsymbol{T}$ も漸近的に正規分布する．すなわち

$$\sqrt{n}\,(\boldsymbol{T} - \boldsymbol{\beta}) \xrightarrow{d} N\left[\boldsymbol{0},\ \frac{E(\Psi^2)}{[E(\Psi')]^2} (\boldsymbol{X}'\boldsymbol{X})^{-1}\right] \tag{4.19}$$

である．$\boldsymbol{X}$ は所与である．

τ 推定のウエイトは

$$w_i = \frac{W_n w_{1i} + w_{2i}}{W_n + 1}$$

によって求める．ここで

$$w_{1i} = \frac{\Psi_1(r_i)}{r_i}, \quad w_{2i} = \frac{\Psi_2(r_i)}{r_i}$$

である．

▶例 4.5　実験データによる $\boldsymbol{\tau}$ 推定

表 4.9 のデータ X, Y は，Yohai and Zamar (1988) が τ 推定の論文で用いた実験データであり，X, Y の DGP (data generating process) は次の通りである．

モデル

$$Y_i = \beta_1 + \beta_2 X_i + u_i \tag{4.20}$$

表 4.9　例 4.5 の実験データ

i	X	Y	i	X	Y	i	X	Y
1	2.98	3.20	10	0.72	0.56	19	0.03	0.13
2	−4.06	−4.00	11	5.89	5.39	20	2.14	2.77
3	1.53	1.97	12	0.76	0.81	21	4.89	13.59
4	0.90	0.53	13	−0.69	−1.48	22	5.32	15.47
5	−2.03	−1.90	14	2.79	2.47	23	9.04	24.03
6	−1.53	−0.69	15	1.33	2.37	24	5.47	15.94
7	−5.56	−6.19	16	1.15	0.68	25	9.18	24.44
8	2.35	2.82	17	5.72	5.56			
9	−1.66	−2.43	18	1.53	1.16			

出所：Yohai and Zamar (1988).

表 4.10　(4.20) 式の OLS，τ 推定，3段階S推定，BIE

	OLS			τ 推定（OLS）			τ 推定（LMS）		
	係数	標準偏差	t 値	係数	標準偏差	z 値	係数	標準偏差	z 値
定数項	0.421	0.810	0.52	−0.139	0.085	−1.64	−0.113	0.089	−1.27
X	2.006	0.200	10.01	1.015	0.028	35.70	1.034	0.032	32.78
R^2	0.813			0.983			0.979		
s	3.562			0.316			0.341		
調整定数	第2段階			$c_1=1.548$			$c_1=1.548$		
	第3段階			$c_1=1.548$, $c_2=6.039$			$c_1=1.548$, $c_2=6.039$		
ウエイト0の観測値番号				21, 22, 23, 24, 25			21, 22, 23, 24, 25		

	3段階S推定（Tukey）			BIE（Tukey）		
	係数	標準偏差	z 値	係数	標準偏差	z 値
定数項	−0.052	0.107	−0.49	−0.044	0.108	−0.41
X	1.019	0.0380	27.18	1.017	0.0380	26.60
R^2	0.970			0.967		
s	0.455			0.448		
調整定数				4.691		
第2段階	1.548					
第3段階	4.691					
ウエイト0の観測値番号	21, 22, 23, 24, 25			21, 22, 23, 24, 25		

(1) $i=1, \cdots, 20$ のとき

$\beta_1=0,\quad \beta_2=1.0$

$X_i \sim N(0, 9.0),\quad u_i \sim N(0, 0.25)$

(2) $i=21, \cdots, 25$ のとき

$\beta_1=2.0,\quad \beta_2=2.5$

$X_i \sim N(7.0, 4.0),\quad u_i \sim N(0, 0.25)$

#21～#25 のデータは強く汚染された値 contaminated value である．Tukey の Ψ を用いる τ 推定の 2 つの方法，3 段階 S 推定，BIE の 4 通りおよび OLS の推定結果が**表 4.10** に示されている．

表の τ 推定（OLS）とは次の方法である．

第 1 段階

OLS を適用し，OLS 残差から

$$s_0=\frac{\text{MAD}}{0.6745}=3.66234$$

β_j の OLSE $\hat{\beta}_j$ から，$\hat{\beta}_j$, $j=1, 2$ のノルム

$$N_0=\left(\sum_{j=1}^{2}\hat{\beta}_j^2\right)^{\frac{1}{2}}$$

を求める．

第 2 段階

くりかえし再加重最小 2 乗の収束計算による σ と $\boldsymbol{\beta}$ の推定値の同時決定は，4.2.2 項で述べた 2 段階 S 推定の第 1 段階と同じである．調整定数は，損失関数 ρ_1 のみを用いるから $c_1=1.548$ を与えた．

収束結果は $\hat{\sigma}=0.82091$ となり

$$\underset{(-1.85)}{Y=-0.152}+\underset{(36.96)}{1.015X}$$

が得られる．（ ）内は“t 値”である．

収束結果の β_j の推定値のノルムを N_0' とする．

第 3 段階

第 2 段階の $\hat{\sigma}=0.82091$ を固定し，第 2 段階の β_j の推定値 $\tilde{\beta}_j$ を用いて，残差

$$\tilde{e}_i=Y_i-(\tilde{\beta}_1+\tilde{\beta}_2X_i),\quad i=1, \cdots, 25$$

を求め，調整定数を $c_1=1.548$, $c_2=6.039$ とする．

調整定数 c_1 と Ψ_1 関数，c_2 と $\Psi_2(=\Psi_1)$ 関数のもとで，それぞれウエイト w_{1i}，w_{2i} を計算し，W_n を求め，τ 推定のウエイト

$$w_i=\frac{W_n w_{1i}+w_{2i}}{W_n+1},\quad i=1,\cdots,25$$

を求める.

この w_i を用いて加重変数

$$Y_i^*=w_i^{\frac{1}{2}}Y_i$$
$$X_{ji}^*=w_i^{\frac{1}{2}}X_{ji}$$
$$X_{1i}=1,\quad X_{2i}=X_i$$
$$i=1,\cdots,25$$

を計算し，加重回帰

$$Y_i^*=\gamma_1 X_{1i}^*+\gamma_2 X_{2i}^*+\varepsilon_i$$

を行い，$\hat{\gamma}_j$ のノルム

$$N_1=\left(\sum_{j=1}^{2}\hat{\gamma}_j^2\right)^{\frac{1}{2}}$$

を求め

$$\left|\frac{N_1-N_0'}{N_0'}\right|\leq\delta,\quad \delta=0.00001$$

が満たされるかどうかチェックする.

$NO\Rightarrow Y_i-(\hat{\gamma}_1+\hat{\gamma}_2X_i)$ を $\tilde{e}_i$ とし，$N_0'\leftarrow N_1$ として第3段階へ戻る.

この第3段階の収束結果が表4.10の τ 推定 (OLS) である. 表には示さなかったが，第1段階のOLSをLMSにして，第2段階 (σ と $\boldsymbol{\beta}$ の推定値の同時決定)，第3段階 (くりかえし再加重最小2乗の収束計算による $\boldsymbol{\beta}$ の推定) は上記と同じ推定を行っても，結果は τ (OLS) の場合と全く同じになる. 第1段階の推定法の相違からの s_0 や N_0 の違いはくりかえし再加重最小2乗の収束計算の中で無くなり，同じ値に収束する.

図4.8に，(X_i, Y_i) の散布図とOLSと τ (OLS) の標本回帰線が示されている. OLSは#21から#25のデータに引っ張られて勾配2.006の直線を与える. τ (OLS) はこの#21から#25までのウエイトを0にするから，勾配1.015と β_2 の#1から#20までの真の値1.0に近い推定値をもたらす.

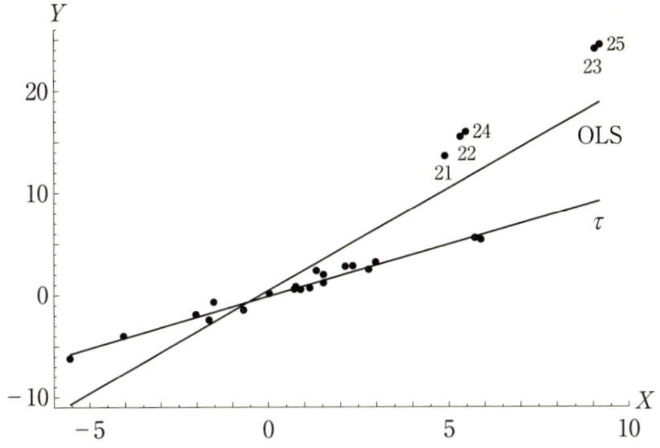

図 4.8 例 4.5 の OLS と τ (OLS) の標本回帰線

τ (OLS) はこの実験データや例 1.3 のベルギーの国際電話呼び出し回数のデータでは，外れ値に適切に対処した推定結果をもたらす．また，第 1 段階で OLS ではなく，LMS を用いて，第 2，第 3 段階は上記のくりかえし再加重最小 2 乗収束計算をする τ 推定は，この実験データや例 3.3 の星の光強度，例 3.5 の肝臓手術後の生存時間のデータに対しては，外れ値に対処した推定値をもたらす．第 2，第 3 段階でくりかえし再加重最小 2 乗による収束計算を行う例 1.3 の τ (OLS)，例 3.3，例 3.5 の τ (LMS) による推定は**表 4.11** に示した．

表 4.10 の τ 推定（LMS）は，簡潔に言えば，第 1 段階 LMS，第 2，第 3 段階は，くりかえし再加重最小 2 乗収束計算ではなく，1 ステップ τ 推定である．

表 4.10 の τ 推定（LMS）は，第 1 段階の LMS 残差 r_i から

$$s_0 = \frac{\mathrm{MAD}}{0.6745} = 0.90025$$

を求め，(4.8) 式を用いて 1 ステップの $\hat{\sigma} = 0.88664$ を得る．この $\hat{\sigma}$ を固定し，第 2 段階で $c_1 = 1.548$，損失関数 ρ_1 から

$$\underset{(-1.34)}{Y = -0.118} + \underset{(33.39)}{1.035X}$$

を得る．

第 3 段階で，$\hat{\sigma}$ を固定し，残差

$$\tilde{e}_i = Y_i - (-0.118 + 1.035X_i), \quad i = 1, \cdots, 25$$

を計算し，$c_1 = 1.548$ と Ψ_1，$c_2 = 6.039$ と $\Psi_2 (= \Psi_1)$ からウエイト w_{1i}，w_{2i} を求め，W_n を求め，加重回帰を行う．この結果が表 4.10 の τ 推定（LMS）である．や

表 4.11　τ 推定（くりかえし再加重最小 2 乗）の推定値（Tukey の Ψ 関数）

	例 1.3			例 3.3		
	係数	標準偏差	z 値	係数	標準偏差	z 値
定数項	−5.273	0.151	−34.82	−8.713	1.485	−5.87
X	0.110	0.00255	43.23	3.097	0.337	9.20
R^2	0.994			0.978		
s	0.064			0.229		
調整定数						
第 2 段階	$c_1=1.548$			$c_1=1.548$		
第 3 段階	$c_1=1.548$, $c_2=6.039$			$c_1=1.548$, $c_2=6.039$		
ウエイト 0 の観測値番号	15, 16, 17, 18, 19, 20, 21 14→0.016442			11, 20, 30, 34 7→0.062615, 9→0.093793 18→0.11201		

	例 3.5		
	係数	標準偏差	z 値
X_2	0.6569	0.0662	9.93
X_3	0.7376	0.0309	23.90
X_4	0.1016	0.0116	8.76
X_5	0.1494	0.0269	5.55
R^2	0.981		
s	0.125		
調整定数			
第 2 段階	$c_1=1.548$		
第 3 段階	$c_1=1.548$, $c_2=6.039$		
ウエイト 0 の観測値	なし		
弾性値			
η_2	0.657		
η_3	0.738		
η_4	1.863		
η_5	0.282		

はり #21 から #25 までの汚染された観測値のウエイトは 0 になるが，β_2 の推定値 1.034 は τ 推定（OLS）の 1.015 より大きく，#1 から #20 までのデータを発生させた β_2 の真の値 1.0 に近いのは τ 推定（OLS）の方である．

表 4.10 には Tukey の Ψ による 3 段階 S 推定と BIE も示されている．いずれも #21 から #25 までの観測値のウエイトを 0 にする．β_1 は 0 と有意に異ならず，β_2 の推定値は，#1 から #20 までの DGP である真の値 1.0 に近い．

表 4.12 例 4.1 クラフトポイントデータの τ（LMS）推定

	(4.9) 式		
	係数	標準偏差	z 値
定数項	−142.972	18.551	−7.71
X	0.515	0.0572	9.01
R^2	0.897		
s	0.426		
調整定数			
第 2 段階	$c_1=1.548$		
第 3 段階	$c_1=1.548,\ c_2=6.039$		

i	ウエイト	i	ウエイト	i	ウエイト
1	0.99374	12	0.92188	23	0.25494
2	0.90703	13	0.00685	24	0.86233
3	0.72685	14	0.00495	25	0.99957
4	0.85795	15	0.00570	26	0.19605
5	0.98817	16	0.00425	27	0.55843
6	0.98816	17	0.00318	28	0.94004
7	0.91996	18	0.00382	29	0.98880
8	0.99575	19	0.00076	30	0.03303
9	0.72809	20	0.00423	31	0.00493
10	0.82754	21	0.80246	32	0.00000
11	0.93103	22	0.23464		

第 2，第 3 段階でくりかえし再加重最小 2 乗の収束計算による τ 推定を行うと，外れ値に全く対処できない状況が例 4.1 のクラフトポイントデータである．

▶例 4.6　クラフトポイントと形成熱

表 4.1 のクラフトポイントデータを用いて，第 2 段階，第 3 段階でくりかえし再加重最小 2 乗の収束計算による τ 推定を行うと，第 2 段階の $\hat{\sigma}$ の収束値は 15.00217 と大きく，そのため τ 推定の推定値は，(4.9) 式のモデルで

$$\tilde{\beta}_1=42.00,\quad \tilde{\beta}_2=-0.0459$$

となり，外れ値に全く対処できない．

第 1 段階 LMS，第 2，第 3 段階 1 ステップの τ 推定は**表 4.12** になる．#32 のみウエイト 0 となるが，#13 から #20 までと #30, 31 のウエイトもほとんど 0 に近く，β_2 の推定値 0.515 は表 4.3 の 3 段階 S 推定値より若干大きい．

▶例 4.7　リンパ球数と関連要因

表 4.13 の血液学に関する原データは Royston (1983) の論文にある 103 人の黒人労働者であるが，ここでは Rencher and Schaalje (2008) に示されている 51 人を対象とする．表 4.13 の変数は以下の内容である．

VY＝リンパ球数

VX_1＝ヘモグロビン濃度

VX_2＝パック細胞容積（サンプル血液を遠心分離したあとの赤血球容積）

VX_3＝白血球数（原データ×0.01）

表 4.13　血液学に関するデータ

i	VY	VX_1	VX_2	VX_3	VX_4	VX_5	i	VY	VX_1	VX_2	VX_3	VX_4	VX_5
1	14	13.4	39	41	25	17	27	16	15.5	45	52	30	20
2	15	14.6	46	50	30	20	28	18	14.5	43	39	18	25
3	19	13.5	42	45	21	18	29	23	14.4	45	60	32	21
4	23	15.0	46	46	16	18	30	23	14.6	44	47	21	27
5	17	14.6	44	51	31	19	31	43	15.3	45	79	23	23
6	20	14.0	44	49	24	19	32	17	14.9	45	34	15	24
7	21	16.4	49	43	17	18	33	23	15.8	47	60	32	21
8	16	14.8	44	44	26	29	34	31	14.4	44	77	39	23
9	27	15.2	46	41	13	27	35	11	14.7	46	37	23	23
10	34	15.5	48	84	42	36	36	25	14.8	43	52	19	22
11	26	15.2	47	56	27	22	37	30	15.4	45	60	25	18
12	28	16.9	50	51	17	23	38	32	16.2	50	81	38	18
13	24	14.8	44	47	20	23	39	17	15.0	45	49	26	24
14	26	16.2	45	56	25	19	40	22	15.1	47	60	33	16
15	23	14.7	43	40	13	17	41	20	16.0	46	46	22	22
16	9	14.7	42	34	22	13	42	20	15.3	48	55	23	23
17	18	16.5	45	54	32	17	43	20	14.5	41	62	36	21
18	28	15.4	45	69	36	24	44	26	14.2	41	49	20	20
19	17	15.1	45	46	29	17	45	40	15.0	45	72	25	25
20	14	14.2	46	42	25	28	46	22	14.2	46	58	31	22
21	8	15.9	46	52	34	16	47	61	14.9	45	84	17	17
22	25	16.0	47	47	14	18	48	12	16.2	48	31	15	18
23	37	17.4	50	86	39	17	49	20	14.5	45	40	18	20
24	20	14.3	43	55	31	19	50	25	16.4	49	69	22	24
25	15	14.8	44	42	24	29	51	38	14.7	44	78	34	16
26	9	14.9	43	43	32	17							

出所：Rencher and Schaalje (2008), p. 253-254, Table 10.1.

VX_4＝好中球数

VX_5＝血清鉛濃度

5個の説明変数すべてを用いたOLSの結果は次式であり，3変数が有意ではない．

$$
\begin{aligned}
VY = \underset{(2.59)}{21.548} - \underset{(-0.63)}{0.491}VX_1 - \underset{(-1.12)}{0.316}VX_2 + \underset{(22.55)}{0.837}VX_3 \\
- \underset{(-13.24)}{0.882}VX_4 + \underset{(0.25)}{0.0247}VX_5
\end{aligned}
$$

$$\bar{R}^2 = 0.914,\quad s = 2.776$$

3変数のOLSの結果は次の通りである．

$$VY = \underset{(2.64)}{20.460} - \underset{(-2.51)}{0.443}VX_2 + \underset{(22.95)}{0.835}VX_3 - \underset{(-13.44)}{0.881}VX_4$$

$$\bar{R}^2=0.917,\quad s=2.734$$
$$\text{BP}=7.44537(0.059),\quad \text{W}=21.5638(0.010)$$
$$\text{RESET}(2)=0.794841(0.377)$$
$$\text{RESET}(3)=3.70124(0.032)$$
$$\text{SW}=0.8443(0.000)$$

説明変数はすべて有意であり，$\bar{R}^2$ も高いが，均一分散の検定統計量 W テスト，定式化ミスなしの検定統計量 RESET(3) の p 値は小さく，SW（シャピロ・ウイルクテスト）はモデルの非正規性を示している．

次のボックス・コックス変換モデルを推定した．

$$VY_i^{(\lambda)}=\alpha_1+\alpha_2 VX_{2i}^{(\lambda)}+\alpha_3 VX_{3i}^{(\lambda)}+\alpha_4 VX_{4i}^{(\lambda)}+u_i$$
$$VX_{ji}^{(\lambda)}=\frac{VX_{ji}^{\lambda}-1}{\lambda},\quad j=2,3,4$$
$$VY_i^{(\lambda)}=\frac{VY_i^{\lambda}-1}{\lambda}$$
$$i=1,\cdots,51$$

λ の最尤推定値 0.7604 が得られたので，改めて変数を

$$Y_i=VY_i^{0.7604},\quad X_{ji}=VX_{ji}^{0.7604},\quad j=2,3,4$$
$$i=1,\cdots,51$$

と表し，モデルを

$$Y_i=\beta_1+\beta_2 X_{2i}+\beta_3 X_{3i}+\beta_4 X_{4i}+\varepsilon_i \tag{4.21}$$
$$\varepsilon_i \sim \text{iid}(0,\sigma^2)$$

とする．(4.21) 式の OLS の推定結果は**表 4.14** に示されている．OLS の推定結果は以下の検定統計量の値を与える．

$$\text{BP}=4.50499(0.212),\quad \text{W}=15.5972(0.076)$$
$$\text{RESET}(2)=0.075068(0.785)$$
$$\text{RESET}(3)=2.20484(0.122)$$
$$\text{SW}=0.8438(0.000)$$

均一分散であり，定式化ミスは検出されないが，モデルの正規性は成立していない．標本歪度$=-1.996$，標本尖度$=9.547$ であり，歪度<0，尖度>3 の非正規分布である．

(4.21) 式の OLS 残差 e, a_i^2 等々は**表 4.15**，LR プロットが**図 4.9** である．

表 4.14　(4.21) 式の OLS，τ推定，3段階S推定，BIE

	OLS			τ推定（LMS）		
	係数	標準偏差	t 値	係数	標準偏差	z 値
定数項	8.524	3.621	2.35	6.024	1.171	5.15
X_2	−0.456	0.206	−2.21	−0.322	0.0659	−4.88
X_3	1.000	0.0449	22.30	1.058	0.0140	75.55
X_4	−0.875	0.0664	−13.18	−0.943	0.0222	−42.41
R^2	0.918			0.998		
s	44.355			0.242		
η_2	−0.846			−0.598		
η_3	2.028			2.145		
η_4	−1.047			−1.128		
調整定数	第2段階			$c_1=1.548$		
	第3段階			$c_1=1.548$, $c_2=6.039$		
ウエイト				表4.16参照		

	3段階S推定（Tukey）			BIE（Tukey）		
	係数	標準偏差	z 値	係数	標準偏差	z 値
定数項	4.420	1.808	2.44	3.960	1.822	2.18
X_2	−0.233	0.103	−2.26	−0.211	0.1040	−2.03
X_3	1.049	0.0234	44.92	1.046	0.0241	43.50
X_4	−0.934	0.0349	−26.78	−0.926	0.0356	−25.99
R^2	0.998			0.986		
s	0.447			0.439		
η_2	−0.432			−0.391		
η_3	2.127			2.121		
η_4	−1.118			−1.108		
調整定数				4.691		
第2段階	1.548					
第3段階	4.691					
ウエイト	表4.16参照			表4.16参照		

$$h_{ii}>\frac{2k}{n}=0.157 \text{ は \#1, \#23, \#47}$$

とくに #47 は MD_i^2 でも X 方向の強い外れ値である．

a_i^2 の大きいのは #21 の 16.36% と #50 の 36.54% で，この2個で残差平方和の 52.9% を占め，とくに #50 が際立った Y 方向の外れ値である．外的スチューデント化残差 $|t_i|>2$ となる観測値も #21 と #50 である．

表 4.15 (4.21) 式の OLS 残差 e, h_{ii} 等

i	e	h_{ii}	MD_i^2	a_i^2	t_i	i	e	h_{ii}	MD_i^2	a_i^2	t_i
1	−0.4308	0.168	7.402	0.42	−0.48	27	−0.6196	0.035	0.745	0.87	−0.65
2	−0.2821	0.047	1.353	0.18	−0.29	28	0.0979	0.057	1.880	0.02	0.10
3	−0.5497	0.063	2.160	0.68	−0.58	29	0.2613	0.035	0.779	0.15	0.27
4	−0.4823	0.058	1.911	0.52	−0.51	30	0.5910	0.031	0.560	0.79	0.61
5	0.2185	0.045	1.273	0.11	0.23	31	−1.0732	0.156	6.843	2.60	−1.21
6	−0.1580	0.025	0.292	0.06	−0.16	32	0.5814	0.074	2.728	0.76	0.62
7	0.4636	0.114	4.723	0.48	0.50	33	0.5382	0.047	1.391	0.65	0.56
8	0.4506	0.039	0.946	0.46	0.47	34	0.1671	0.107	4.354	0.06	0.18
9	1.4130	0.086	3.307	4.50	1.54	35	−0.0458	0.071	2.547	0.00	−0.05
10	0.6731	0.140	5.995	1.02	0.74	36	−0.9815	0.066	2.295	2.17	−1.05
11	1.2696	0.033	0.680	3.63	1.34	37	0.6024	0.029	0.466	0.82	0.63
12	0.6557	0.137	5.865	0.97	0.72	38	−0.0192	0.153	6.646	0.00	−0.02
13	0.6253	0.035	0.749	0.88	0.65	39	−0.5374	0.024	0.242	0.65	−0.56
14	0.3833	0.022	0.098	0.33	0.40	40	0.4664	0.053	1.689	0.49	0.49
15	−0.0992	0.098	3.915	0.02	−0.11	41	0.3974	0.031	0.590	0.36	0.41
16	−0.8271	0.085	3.286	1.54	−0.89	42	−1.6876	0.052	1.599	6.42	−1.83
17	0.1487	0.042	1.135	0.05	0.15	43	−0.8202	0.133	5.686	1.52	−0.91
18	0.6322	0.061	2.062	0.90	0.67	44	0.3037	0.105	4.279	0.21	0.33
19	1.2697	0.048	1.411	3.63	1.35	45	0.5034	0.082	3.139	0.57	0.54
20	0.2455	0.052	1.611	0.14	0.26	46	0.3211	0.034	0.720	0.23	0.33
21	−2.6940	0.072	2.625	16.36	−3.14	47	0.9711	0.319	14.960	2.13	1.22
22	−0.6326	0.089	3.481	0.90	−0.68	48	−0.0197	0.145	6.255	0.00	−0.02
23	0.5689	0.169	7.481	0.73	0.64	49	0.8137	0.045	1.274	1.49	0.85
24	0.0371	0.051	1.558	0.00	0.04	50	−4.0260	0.108	4.437	36.54	−5.65
25	0.0587	0.038	0.935	0.01	0.06	51	0.7736	0.099	3.991	1.35	0.84
26	−0.5172	0.093	3.649	0.60	−0.55						

$3k/n = 0.235$, $2k/n = 0.157$, $\chi^2_{0.05}(3) = 7.815$.

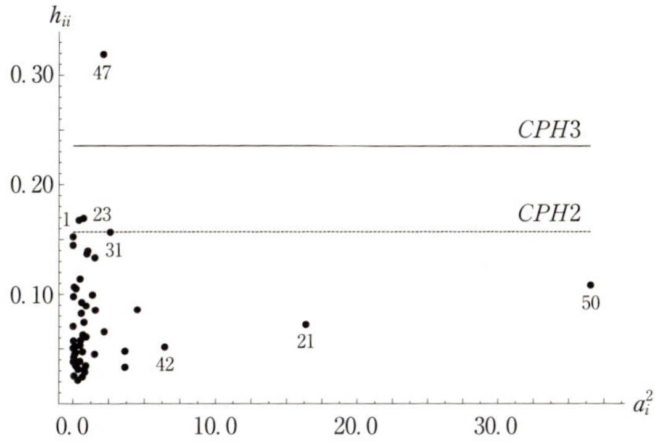

図 4.9 (4.21) 式の OLS の *LR* プロット

#50 は β_j の OLSE $\hat{\beta}_j$, $j=1, 2, 3, 4$ のすべて，#21, 47 は $\hat{\beta}_3$, $\hat{\beta}_4$ への高い影響点である．#50, 21 は回帰線からの乖離が大きいという影響点であり，高い作用点である #47 は，#47 の方へ回帰線を引き寄せるという意味での影響点である．このことは偏回帰作用点を描くことによって確かめることができる．

（4.21）式で Y を 1，X_j を j，$j=2, 3, 4$ とし

$Rijk$ = 変数 i の定数項および変数 j, k への線形回帰を行ったときの OLS 残差

とすると

$$R134=b_2R234$$
$$R124=b_3R324$$
$$R123=b_4R423$$

の回帰の b_j はそれぞれ，（4.21）式の $\hat{\beta}_j$ に等しく，回帰線から点までの縦の乖離は（4.21）式の OLS 残差に等しい．

図 4.10(a) は（$R234$, $R134$）の偏回帰作用点と $b_2=\hat{\beta}_2=-0.456$ の勾配をもつ直線，図 4.10(b) は（$R324$, $R124$）と $b_3=\hat{\beta}_3=1.000$，図 4.10(c) は（$R423$, $R123$）と $b_4=\hat{\beta}_4=-0.875$ である．

図 4.10(a) は，#50, 21, 42 の直線からの乖離が大きく，しかも直線のまわりのバラつきがきわめて大きい．$\hat{\beta}_2$ の t 値が余り大きくない，ということの反映でもある．

他方，図 4.10(b), (c) の直線のまわりの点のバラつきは小さいが，#50, 21 の直線からの乖離は大きい．#47 の高い作用点には回帰線を引き寄せる力が働いている．

さて，（4.21）式を 1 ステップ τ (LMS)，3 段階 S 推定および BIE で推定した結果も表 4.14 に示されている．使用した Ψ 関数はいずれも Tukey の双加重である．τ (LMS)，3 段階 S 推定，BIE のウエイトは**表 4.16** である．

τ (LMS) は #50 のウエイトのみ 0 であるが，#21 のウエイトもほとんど 0 に近く，#31, 36, 42 のウエイトも小さい．3 段階 S 推定と BIE は #21, 50 のウエイトが 0 であり，#42 のウエイトも小さい．強い作用点 #47 のウエイトは，どの頑健回帰も 0 にならず大きい．

ウエイトの相違は β_j の推定値の違いをもたらし，OLSE と異なるばかりでなく，τ (LMS) と他の 2 つの頑健推定をくらべると，τ (LMS) の β_j の推定値の

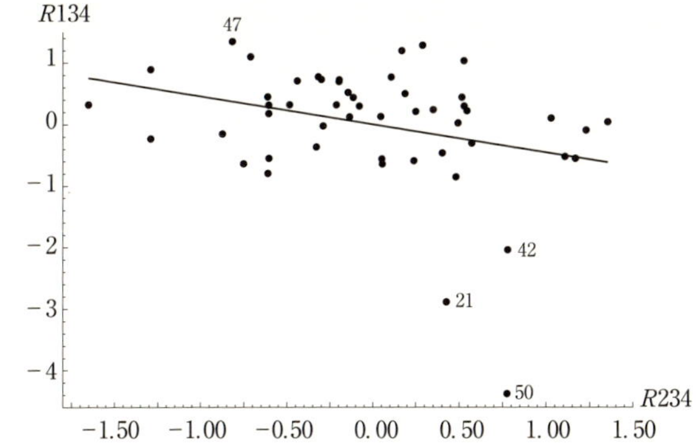

図 4.10(a)　偏回帰作用点プロット（(4.21) 式，$\hat{\beta}_2 = -0.456$）

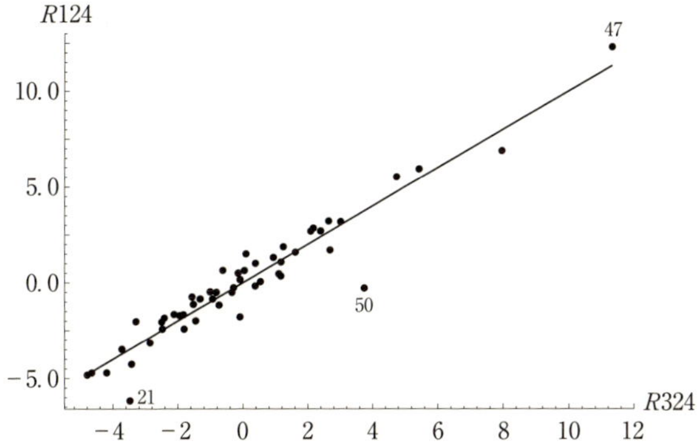

図 4.10(b)　偏回帰作用点プロット（(4.21) 式，$\hat{\beta}_3 = 1.000$）

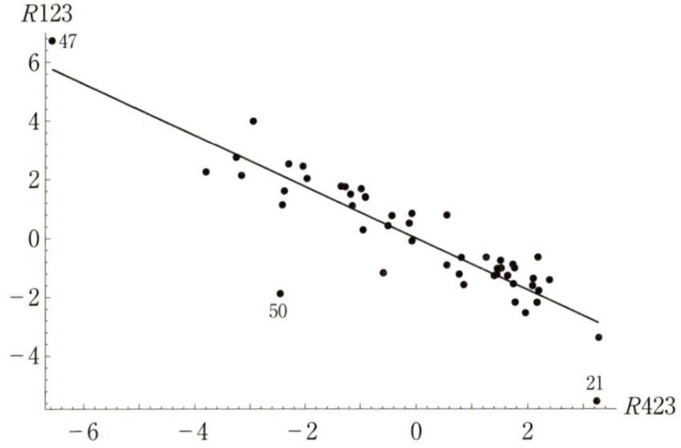

図 4.10(c)　偏回帰作用点プロット（(4.21) 式，$\hat{\beta}_4 = -0.875$）

表4.16　(4.21) 式の τ (LMS)，3段階S推定，BIE のウエイト

τ (LMS)				3段階S推定 (Tukey)				BIE (Tukey)			
i	ウエイト	i	ウエイト	i	ウエイト	i	ウエイト	i	ウエイト	i	ウエイト
1	0.6053	27	0.1006	1	0.9456	27	0.7840	1	0.9122	27	0.8064
2	0.4682	28	0.9376	2	0.9223	28	0.9923	2	0.9103	28	0.9671
3	0.1035	29	0.9947	3	0.8024	29	0.9994	3	0.8828	29	0.9800
4	0.0940	30	0.8422	4	0.6965	30	0.9799	4	0.7374	30	0.9104
5	0.9864	31	0.0466	5	0.9983	31	0.1544	5	0.9609	31	0.1809
6	0.5345	32	0.8025	6	0.9340	32	0.9746	6	0.9646	32	0.8907
7	0.9907	33	0.9183	7	0.9989	33	0.9898	7	0.9402	33	0.9608
8	0.7763	34	0.8770	8	0.9709	34	0.9845	8	0.9084	34	0.9446
9	0.0987	35	0.8936	9	0.7589	35	0.9866	9	0.5925	35	0.9571
10	0.9504	36	0.0734	10	0.9939	36	0.4367	10	0.9213	36	0.5614
11	0.1002	37	0.9656	11	0.7791	37	0.9958	11	0.7174	37	0.9545
12	0.9960	38	0.2148	12	0.9995	38	0.8635	12	0.9283	38	0.7301
13	0.8348	39	0.1021	13	0.9789	39	0.7987	13	0.9035	39	0.8361
14	0.9965	40	0.9551	14	0.9996	40	0.9945	14	0.9830	40	0.9646
15	0.4209	41	0.9945	15	0.9134	41	0.9993	15	0.9342	41	0.9758
16	0.1004	42	0.0304	16	0.7823	42	0.0363	16	0.8336	42	0.0186
17	0.9923	43	0.0964	17	0.9991	43	0.7286	17	0.9778	43	0.7780
18	0.8086	44	0.9992	18	0.9754	44	0.9999	18	0.9128	44	0.8999
19	0.0886	45	0.9109	19	0.6249	45	0.9889	19	0.5183	45	0.9572
20	0.9937	46	1.0000	20	0.9992	46	1.0000	20	0.9691	46	0.9809
21	0.0049	47	0.9527	21	0.0000	47	0.9942	21	0.0000	47	0.8061
22	0.0824	48	0.7104	22	0.5467	48	0.9616	22	0.5574	48	0.8859
23	0.9588	49	0.4785	23	0.9949	49	0.9242	23	0.8977	49	0.8322
24	0.9394	50	0.0000	24	0.9925	50	0.0000	24	0.9732	50	0.0000
25	0.9684	51	0.8417	25	0.9961	51	0.9798	25	0.9794	51	0.8701
26	0.5133			26	0.9304			26	0.9170		

値はすべて絶対値で大きい．

(4.21) 式の VX_j, $j=2, 3, 4$ の VY への弾性値を η_j とすると

$$\eta_{ji}=\beta_j\left(\frac{VX_{ji}}{VY_i}\right)^{\lambda},\quad \lambda=0.7604,\quad i=1, \cdots, n,\quad j=2, 3, 4$$

で与えられるから，β_j に推定値，η_j は平均

$$\eta_j=\frac{1}{n}\sum_{i=1}^{n}\eta_{ji},\quad j=2, 3, 4$$

で推定すると，表4.14に示されている値になる．$\left(\frac{VX_{ji}}{VY_i}\right)^{\lambda}$ はすべての推定法において同じであるから β_j の推定値の相違が η_j に現れる．OLS の η_2 のみ絶対値で大きいが，η_3 は2.0から2.1，η_4 は−1.1ぐらいである．リンパ球数と関連が強いのは白血球数である．

5

頑健回帰推定 (3) ── MM 推定, 1 ステップ M 推定, 1 ステップ BIE

5.1 は じ め に

本章は MM 推定, 1 ステップ M 推定, 1 ステップ BIE を説明する. MM 推定は高い評価を得ていることを紹介し (5.2 節), 5.3 節で MM 推定のアルゴリズムと σ の推定値の相違から生ずる MM 推定の問題点を示す.

5.4 節において, σ の推定になぜ 1.8.2 項の σ の M 推定 ($\hat{\sigma}_{\mathrm{M}}$) を用いるかを説明する. 具体例では $\hat{\sigma}_{\mathrm{M}}$ を用いる MM 推定, (5.3) 式の解として得られる σ の推定値 ($\hat{\sigma}$) を用いる MM 推定の両方を示す. 外れ値の β_j の OLSE への影響を示すグラフとして偏回帰作用点プロットが有用であること, 複数の推定法の残差を比較する RR プロットを描いた具体例もある.

5.5 節は複合推定として 1 ステップ M 推定, 1 ステップ BIE を多くの具体例とともに示した. Rousseeuw and Leroy (2003) の与えた 1 ステップ M, Coakley and Hettamansperger (1993) に示されている CH 法とよばれている式からの β_j の推定方法は推定値をいくつか紹介しただけで本章では用いていない.

複数の頑健回帰推定法を多くの具体例に適用し, 推定法のさまざまな問題点が明らかになった. 5.6 節は総括である.

5.2 M M 推 定

MM 推定は高い BDP と同時に, 誤差項が正規分布するとき高い漸近的有効性をもつ推定量をもたらし, この MM 推定量は第 1 段階の BDP 50% の性質を継承する, と Yohai (1987) は述べている.

MM 推定はすでに 1987 年 Yohai によって提唱されていたが, その後さまざまな状況への複数の頑健回帰推定の適用，あるいは比較実験を通じて，MM 推定への評価が高くなったのは最近年である．Simpson and Montgomery (1998) は，いくつかの頑健回帰推定法を実験データによって比較し，MM 推定がすぐれていることを示した．もっとも彼等の比較した推定法のなかに，2 段階 S 推定や τ 推定は含まれていない．Andersen（2008）は，ほとんどの状況で MM 推定は良い成果を挙げていると述べ，MM 推定を推奨している．

頑健回帰推定において，高い BDP と同時に高い漸近的有効性を有する MM 推定量 $\boldsymbol{T}_n$ は一致性をもち，漸近的正規性をもつ（Yohai（1987））．すなわち，真のパラメータを $\boldsymbol{\beta}$ とすれば，$\boldsymbol{X}$ を所与として

$$\sqrt{n}(\boldsymbol{T}_n-\boldsymbol{\beta}) \xrightarrow{d} N\left(\mathbf{0},\ \frac{E[\Psi^2(u)]}{\{E[\Psi'(u)]\}^2}(\boldsymbol{X}'\boldsymbol{X})^{-1}\right) \tag{5.1}$$

が成り立つ．

表 5.1，クラフトポイントのデータ（表 4.1）を用いる Tukey の Ψ による MM 推定を例に，この推定結果をもたらした MM 推定のアルゴリズムを説明しよう．

5.3　MM 推定のアルゴリズム

まず，MM 推定では，損失関数 ρ が，1.7 節に示されている 2 つの条件（R1），(R2)を満たしていることが仮定される．Tukey の ρ，2 章の 4 種類の ρ（Andrews, Collins, Hampel, tanh）はすべてこの条件を満たす．

クラフトポイントデータのモデルは次式である．

$$KRAFFT_i=\beta_1+\beta_2 HEAT_i+\varepsilon_i \tag{5.2}$$

$$\varepsilon_i \sim \mathrm{iid}(0, \sigma^2)$$

$$i=1, \cdots, n,\quad n=32$$

MM 推定は以下の 3 段階から成る．

第 1 段階

LMS によって（5.2）式のパラメータ β_j, $j=1, 2$ を推定する．次の結果が得られる．（　）内は“t 値”である．

$$\underset{}{KRAFFT}=\underset{(-18.21)}{-169.556}+\underset{(20.44)}{0.596}HEAT$$

$$R^2=0.033, \quad s=37.696$$

LMS 残差を r_i, $i=1, \cdots, 32$ とする．

第 1 段階で LMS 以外に，Yohai（1987）は Siegel（1982）の RM（repeated medians）推定，Rousseeuw and Leroy（2003）は LTS，Andersen（2008）は，調整定数を BDP 50% を与える値に設定し，Huber の Ψ，あるいは Tukey の双加重（Ψ）を用いる S 推定も候補となり得ると述べている．Venable and Repley（2002）は，ベルギーの国際電話呼び出し回数（例 1.3，例 3.1，データは表 1.3）のデータを用いて，多分 Tukey の Ψ による S 推定を MM 推定の第 1 段階で用いている（訳書 pp. 190–191）．Yohai et al.（1991）も第 1 段階で S 推定を用いている．

いずれにせよ，第 1 段階で BDP 50% の頑健回帰を行う．

第 2 段階

第 1 段階の残差 r_i を用いて，1.8.2 項の σ の M 推定法で σ の推定値 $\hat{\sigma}_{\mathrm{M}}$ を求める．Tukey の Ψ 関数のとき

$$\hat{\sigma}_{\mathrm{M}}=(1.81)\text{ 式で } c=6.0$$

を与え，MAD = 7.48775 から，$\hat{\sigma}_{\mathrm{M}}=9.66986$ となる．

Andrews, Collins, Hampel, tanh の Ψ のとき，$\hat{\sigma}_{\mathrm{M}}$ を求める式は，順に（2.8）式，（2.17）式，（2.23）式，（2.28）式である．これらの式において，Andrews の Ψ のとき（(2.8) 式）$c=2.1\pi$，その他の Ψ では $c=6.0$ を与える．注意すべきことは，（1.81）式，（2.8）式には Ψ 関数の調整定数は現れないが，（2.17）式，（2.23）式，（2.28）式には Ψ 関数の調整定数が入ってくる．この Collins, Hampel，tanh の Ψ 関数のときには，第 2 段階の σ の M 推定で BDP 50% となる調整定数の値を与える．Collins の Ψ のとき表 2.1，Hampel の Ψ のとき表 2.4，tanh の Ψ のとき表 2.6 にこの調整定数の値が示されている．

第 3 段階へ入る前に，$\rho^*=100,000$ とする．

第 3 段階

第 2 段階で得られた $\hat{\sigma}_{\mathrm{M}}$ の値は固定し，Ψ 関数の調整定数の値を，ε が正規分布するときにも回帰係数推定量の漸近的有効性 95% となる値，4.691 とする．Andrews の Ψ のとき 1.339（表 2.2），Collins の Ψ のとき表 2.3，Hampel の Ψ のときは表 2.5，tanh の Ψ のときは表 2.6 に，この調整定数の値がある．第 3 段階はこの調整定数のもとで，$\min \rho$ となる β_j の推定値を求める．

$$\hat{u}_i = \frac{r_i}{\hat{\sigma}_{\mathrm{M}}}$$

と規準化した残差から，ウエイト $w(\hat{u}_i)$ を

$$w_i(\hat{u}_i) = \begin{cases} \left[1 - \left(\dfrac{\hat{u}_i}{B}\right)^2\right]^2, & |\hat{u}_i| \leq 4.691 \\ 0, & |\hat{u}_i| > 4.691 \end{cases}$$

によって求め，くりかえし再加重最小 2 乗の最初の $\boldsymbol{\beta}$ の推定値

$$\tilde{\boldsymbol{\beta}} = (\boldsymbol{X}'\boldsymbol{W}\boldsymbol{X})^{-1}\boldsymbol{X}'\boldsymbol{W}\boldsymbol{y}$$

を得る．ここで

$$\boldsymbol{y} = \begin{bmatrix} Y_1 \\ \vdots \\ Y_n \end{bmatrix}, \quad Y_i = KRAFFT_i, \quad \tilde{\boldsymbol{\beta}} = \begin{bmatrix} \tilde{\beta}_1 \\ \tilde{\beta}_2 \end{bmatrix}$$

$$\boldsymbol{X} = \begin{bmatrix} 1 & X_{21} \\ \vdots & \vdots \\ 1 & X_{2n} \end{bmatrix}, \quad X_{2i} = HEAT_i$$

$$\boldsymbol{W} = \mathrm{diag}\{w_i\} = \begin{bmatrix} w_1 & & & \mathbf{0} \\ & w_2 & & \\ & & \ddots & \\ \mathbf{0} & & & w_n \end{bmatrix}, \quad w_i = w_i(\hat{u}_i)$$

である．

次に，残差

$$e_i = Y_i - (\tilde{\beta}_1 + \tilde{\beta}_2 X_{2i}), \quad i = 1, \cdots, n$$

を求め

$$v_i = \frac{e_i}{\hat{\sigma}_{\mathrm{M}} B}, \quad B = 4.691$$

と規準化し，Tukey の ρ 関数の値

$$\rho(v_i) = \begin{cases} \dfrac{B^2}{6}(3v_i^2 - 3v_i^4 + v_i^6), & |v_i| \leq 1 \\ \dfrac{B^2}{6}, & |v_i| > 1 \end{cases}$$

を計算する．

表 5.1　(5.2) 式の MM 推定値

	Tukey			Andrews			Collins		
	係数	標準偏差	z 値	係数	標準偏差	z 値	係数	標準偏差	z 値
定数項	−140.711	20.586	−6.84	−140.710	20.587	−6.84	−140.851	20.967	−6.72
X	0.501	0.0632	7.93	0.501	0.0632	7.92	0.501	0.0644	7.78
R^2	0.842			0.842			0.832		
s	5.794			5.795			6.125		
調整定数	(1.81) 式の $c=6.0$			(2.8) 式の $c=2.1\pi$			(2.17) 式の $c=6.0$		
第 2 段階							$x_0=0.5005, x_1=1.044428, r=1.5$		
第 3 段階	$B=4.691$			$A=1.339$			$x_0=1.5908, x_1=1.651462, r=4.0$		
$\hat{\sigma}_M$	9.66986			9.74969			9.48157		
ウエイト 0 の観測値番号	13, 14, 15, 16, 17, 18, 19, 20, 31, 32			13, 14, 15, 16, 17, 18, 19, 20, 31, 32			13, 14, 15, 16, 17, 18, 19, 20, 31, 32		

	Hampel			tanh		
	係数	標準偏差	z 値	係数	標準偏差	z 値
定数項	−140.851	20.967	−6.72	−140.851	20.967	−6.72
X	0.501	0.0644	7.78	0.501	0.0644	7.78
R^2	0.832			0.832		
s	6.125			6.125		
調整定数	(2.23) 式の $c=6.0$			(2.28) 式の $c=6.0$		
第 2 段階	$\alpha=0.5, \beta=0.7797, \gamma=1.5$			$r=1.4703, K=3.5, A=0.113080, B=0.183098, p=0.192863$		
第 3 段階	$\alpha=1.5, \beta=2.547, \gamma=4.0$			$r=3.866, K=4.5, A=0.791269, B=0.867004, p=1.610632$		
$\hat{\sigma}_M$	9.62578			9.44511		
ウエイト 0 の観測値番号	13, 14, 15, 16, 17, 18, 19, 20, 31, 32			13, 14, 15, 16, 17, 18, 19, 20, 31, 32		

$\rho(v_i)<\rho^* \Rightarrow r_i \leftarrow e_i,\ \rho^* \leftarrow \rho(v_i)$ と置きかえ，
第 3 段階の $\hat{u}_i$ 計算のステップへ戻る．

$\rho(v_i) \geq \rho^* \Rightarrow$ ストップ．$e_i,\ w_i,\ \tilde{\boldsymbol{\beta}},\ \rho^*$ が収束結果

このくりかえし再加重最小 2 乗によって得られる $\tilde{\boldsymbol{\beta}}$ が $\boldsymbol{\beta}$ の MM 推定値である．この推定値が表 5.1，Tukey の Ψ の欄にある

$$\tilde{\beta}_1 = -140.711,\quad \tilde{\beta}_2 = 0.501$$

であり，最終のウエイト $w_i(\hat{u}_i)$ は #13 から #20, 31, 32 の 10 個の観測値が 0 になる．β_2 の Tukey の MM 推定値 0.501 は，表 4.3 の Collins の 3 段階 S 推

定値と同じであり，β_1 の推定値も両者ほぼ同じであるから，図 4.1 の（*HEAT*, *KRAFFT*）の散布図に描かれた Collins の 3 段階 S 推定の標本回帰線と Tukey の Ψ の MM 推定値の標本回帰線は同じイメージでとらえてよい.

表 5.1 には Andrews，Collins，Hampel，tanh の Ψ 関数を用いたときの β_j の MM 推定値，第 2 段階の $\hat{\sigma}_{\mathrm{M}}$，設定した調整定数の値，ウエイトが 0 になった観測値の番号も示してある．Collins，Hampel，tanh の MM 推定値は同じであり，さらに，この推定値は表 4.3 の 3 段階 S 推定値と同じである．Andrews の Ψ を用いる MM 推定値も他とほとんど同じである.

5.4　なぜ第 2 段階で 1.8.2 項の σ の M 推定を用いるか

Yohai (1987) が第 2 段階で示している σ の M 推定値 s_n は

$$\frac{1}{n}\sum_{i=1}^{n}\rho\left(\frac{u_i}{s_n}\right)=b \tag{5.3}$$

の解として得られる．ここで

$$b=E_{\Phi}(\rho)$$

$$\frac{b}{a}=0.5$$

$$a=\max\rho_0(u/k_0)$$

$k_0=$ BDP 50% となる Ψ 関数の調整定数

である.

(4.8) 式の 1 ステップの推定値 $\hat{\sigma}^2$ が上式の s_n^2 に対応する．5.3 節で説明した σ の M 推定はこの s_n ではない．なぜ (5.3) 式を用いなかったか．2 つ理由がある.

(1)　(4.8)式による σ^2 の推定値は初期値 s_0 の影響が大きい．これに対して 5.3 節の σ の M 推定は第 1 段階の残差 r_i を用いるのみで $\hat{\sigma}$ を求めるために初期値を必要としない.

(2)　状況によっては，たとえばクラフトポイントデータの場合がそうであるが，第 3 段階のくりかえし再加重最小 2 乗によって β_j の MM 推定値が外れ値に対処していない値になることがある.

例を挙げよう．やはりクラフトポイントデータである．第 1 段階 LMS は同じ

である．第2段階で，LMS残差r_iから

$$s_0=\frac{\mathrm{MAD}}{0.6745}=11.1018$$

を初期値として，Tukeyのρ，調整定数1.548（BDP 50%）を用いて，(4.8)式よりσの1ステップ推定値$\hat{\sigma}=11.94307$を得る．この$\hat{\sigma}=11.94307$を固定して，第3段階で$\min\rho$となるβ_jの推定値をくりかえし再加重最小2乗で求めると

$$\tilde{\beta}_1=40.681,\quad \tilde{\beta}_2=-0.0425$$

ウエイト0となる観測値なし，という結果になり，頑健推定に失敗する．

ところが，(4.8)式で，初期値を上記s_0ではなく，(3.10)式を用いて得られる

$$\sigma^*=8.10933$$

とすると，$\hat{\sigma}=9.33634$と，5.3節の$\hat{\sigma}_{\mathrm{M}}=9.66986$より小さい値が得られる．この$\hat{\sigma}=9.33634$を固定して，第3段階で$\min\rho$となる$\beta_j$のMM推定値は

$$\tilde{\beta}_1=-140.706\ (-6.85),\quad \tilde{\beta}_2=0.501\ (7.94)$$

となり，表5.1のTukeyのΨのケースとほとんど同じになる．

初期値s_0から(4.8)式より$\hat{\sigma}$を求める方法は，AndrewsのΨ関数，HampelのΨ関数においても第3段階で頑健推定に失敗する．CollinsのΨ，tanhのΨを用いるときには，初期値s_0，(4.8)式のケースは，それぞれ$\hat{\sigma}=11.8622$，$\hat{\sigma}=9.19923$となり，第3段階で$\min\rho$となるβ_jの推定値もCollins，tanhとも表5.1と同じになる．

しかしながら，クラフトポイントデータはやはり特異な状況であり，s_0初期値，(4.8)式による$\hat{\sigma}$で外れ値に適切に対処できるMM推定は多い．

▶例5.1　(4.20)式のMM推定値

例4.5の実験データによる(4.20)式のMM推定値は**表5.2**である．5.3節で説明した，第2段階$\hat{\sigma}_{\mathrm{M}}$の方法である．5種類の$\Psi$関数すべてに共通しているのは，#21から#25までの汚染された値のウエイトは0になる，という点である．表4.10のTukeyのΨを用いるτ推定，3段階S推定，BIEでも，#21から#25までのウエイトは0である．

(4.20)式の定数項β_1が0という帰無仮説が棄却されず，β_2のMM推定値も，#1から#20までのデータを発生させた真の値$\beta_2=1.0$に近い．tanhのΨのみ$\hat{\sigma}_{\mathrm{M}}=1.27140$は他の$\Psi$関数とくらべ大きい．

表 5.2　（4.20）式の MM 推定値

	Tukey			Andrews			Collins		
	係数	標準偏差	z 値	係数	標準偏差	z 値	係数	標準偏差	z 値
定数項	−0.054	0.1052	−0.52	−0.055	0.1050	−0.52	−0.0456	0.1080	−0.42
X	1.018	0.0368	27.64	1.018	0.0368	27.70	1.018	0.0380	26.73
R^2	0.971			0.971			0.969		
s	0.443			0.441			0.468		
調整定数	（1.81）式の $c=6.0$			（2.8）式の $c=2.1\pi$			（2.17）式の $c=6.0$		
第 2 段階							$x_0=0.5005$, $x_1=1.044428$, $r=1.5$		
第 3 段階	$B=4.691$			$A=1.339$			$x_0=1.5908$, $x_1=1.651462$, $r=4.0$		
$\hat{\sigma}_M$	0.65085			0.63916			0.61718		
ウエイト 0 の観測値番号	21, 22, 23, 24, 25			21, 22, 23, 24, 25			21, 22, 23, 24, 25		

	Hampel			tanh		
	係数	標準偏差	z 値	係数	標準偏差	z 値
定数項	−0.0479	0.1080	−0.44	−0.0414	0.1091	−0.38
X	1.018	0.0379	26.87	1.019	0.0384	26.50
R^2	0.969			0.969		
s	0.465			0.472		
調整定数	（2.23）式の $c=6.0$			（2.28）式の $c=6.0$		
第 2 段階	$\alpha=0.5$, $\beta=0.7797$, $\gamma=1.5$			$r=1.4703$, $K=3.5$, $A=0.113080$, $B=0.183098$, $p=0.192863$		
第 3 段階	$\alpha=1.5$, $\beta=2.547$, $\gamma=4.0$			$r=3.866$, $K=4.5$, $A=0.791269$, $B=0.867004$, $p=1.610632$		
$\hat{\sigma}_M$	0.61718			1.27140		
ウエイト 0 の観測値番号	21, 22, 23, 24, 25			21, 22, 23, 24, 25		

表 5.3 の MM 推定値は，第 2 段階で σ の推定に，（5.3）式を解いて得られる 1 ステップの $\hat{\sigma}$（初期値 $s_0=\text{MAD}/0.6745=0.90025$）を用いたケースで，第 1 段階，第 3 段階は 5.3 節で説明した表 5.2 と同じである．

#21 から #25 までのウエイトは，どの Ψ 関数を用いても 0 になり，Collins，Hampel，tanh の Ψ の場合は #1 から #20 までのウエイトはすべて 1 になるので，MM 推定の結果はすべて同じである．

σ の推定値 $\hat{\sigma}$ は，tanh を除き，表 5.2 の $\hat{\sigma}_M$ より少し大きい．しかし β_j の推定値はほとんど表 5.2 と同じであり，クラフトポイントデータのときのように，

表 5.3　(4.20) 式の MM 推定値（第2段階，(5.3) 式の s_n）

	Tukey			Andrews			Collins		
	係数	標準偏差	z 値	係数	標準偏差	z 値	係数	標準偏差	z 値
定数項	−0.048	0.1070	−0.45	−0.048	0.1071	−0.45	−0.041	0.1091	−0.38
X	1.018	0.0376	27.09	1.018	0.0376	27.07	1.019	0.0384	26.50
R^2	0.970			0.970			0.969		
s	0.456			0.457			0.472		
調整定数									
第2段階	$B=1.548$			$A=0.450$			$x_0=0.5005$, $x_1=1.044428$, $r=1.5$		
第3段階	$B=4.691$			$A=1.339$			$x_0=1.5908$, $x_1=1.651462$, $r=4.0$		
$\hat{\sigma}$	0.88667			0.91173			0.88954		
ウエイト0の観測値番号	21, 22, 23, 24, 25			21, 22, 23, 24, 25			21, 22, 23, 24, 25		

	Hampel			tanh		
	係数	標準偏差	z 値	係数	標準偏差	z 値
定数項	−0.041	0.1091	−0.38	−0.041	0.1091	−0.38
X	1.019	0.0384	26.50	1.019	0.0384	26.50
R^2	0.969			0.969		
s	0.472			0.472		
調整定数						
第2段階	$\alpha=0.5$, $\beta=0.7797$, $\gamma=1.5$			$r=1.4703$, $K=3.5$, $A=0.113080$, $B=0.183098$, $p=0.192863$		
第3段階	$\alpha=1.5$, $\beta=2.547$, $\gamma=4.0$			$r=3.866$, $K=4.5$, $A=0.791269$, $B=0.867004$, $p=1.610632$		
$\hat{\sigma}$	0.95252			0.75877		
ウエイト0の観測値番号	21, 22, 23, 24, 25			21, 22, 23, 24, 25		

$\hat{\sigma}$を用いると頑健回帰に失敗するTukey, Andrews, HampelのΨのような状況も生じていない．

▶例 5.2　(1.82) 式の MM 推定値

例1.3ベルギー国際電話の呼び出し回数のモデル，(1.82) 式のMM推定値は**表 5.4**である．5.3節の第2段階$\hat{\sigma}_M$のケースである．

5種類のΨ関数すべて，#15から#21までの観測値のウエイトは0になり，β_2の推定値0.110も同じである．β_1の推定値もΨ関数間での相違は小さい．図

表 5.4　（1.82）式の MM 推定値

	Tukey			Andrews			Collins		
	係数	標準偏差	z 値	係数	標準偏差	z 値	係数	標準偏差	z 値
定数項	−5.227	0.207	−25.28	−5.229	0.2090	−25.08	−5.211	0.2100	−24.86
X	0.110	0.00347	31.59	0.110	0.00350	31.33	0.110	0.00352	31.09
R^2	0.988			0.987			0.987		
s	0.097			0.098			0.101		
調整定数 第 2 段階 第 3 段階	（1.81）式の $c=6.0$ $B=4.691$			（2.8）式の $c=2.1\pi$ $A=1.339$			（2.17）式の $c=6.0$ $x_0=0.5005,\ x_1=1.044428,\ r=1.5$ $x_0=1.5908,\ x_1=1.651462,\ r=4.0$		
$\hat{\sigma}_M$	0.15817			0.16136			0.15783		
ウエイト 0 の観測値番号	15, 16, 17, 18, 19, 20, 21			15, 16, 17, 18, 19, 20, 21			15, 16, 17, 18, 19, 20, 21		

	Hampel			tanh		
	係数	標準偏差	z 値	係数	標準偏差	z 値
定数項	−5.223	0.2200	−23.71	−5.230	0.2260	−23.13
X	0.110	0.0037	29.67	0.110	0.0038	28.94
R^2	0.986			0.985		
s	0.106			0.109		
調整定数 第 2 段階 第 3 段階	（2.23）式の $c=6.0$ $\alpha=0.5,\ \beta=0.7797,\ \gamma=1.5$ $\alpha=1.5,\ \beta=2.547,\ \gamma=4.0$			（2.28）式の $c=6.0$ $r=1.4703,\ K=3.5,\ A=0.113080,$ $B=0.183098,\ p=0.192863$ $r=3.866,\ K=4.5,\ A=0.791269,$ $B=0.867004,\ p=1.610632$		
$\hat{\sigma}_M$	0.16922			0.18970		
ウエイト 0 の観測値番号	15, 16, 17, 18, 19, 20, 21			15, 16, 17, 18, 19, 20, 21		

1.8 の散布図の Tukey の Ψ からの標本回帰線と同じとみなしてよい．

表 5.5 は，第 2 段階の σ の推定に（5.3）式の解として得られる s_n を表では $\hat{\sigma}$ として示してある．初期値 $s_0=0.17606$ の（4.8）式からの 1 ステップ推定値である．第 1，第 3 段階は表 5.4 と同じである．

第 2 段階で σ の推定法は表 5.4 と表 5.5 では異なるが，MM 推定値は表 5.4，表 5.5 ではほとんど同じである．MM 推定を提唱した Yohai（1987）論文は，推定例としてこのベルギー国際電話呼び出し回数のデータ，Tukey の Ψ を用いる MM 推定で

表5.5　(1.82) 式のMM推定値（第2段階，(5.3) 式のs_n）

	Tukey			Andrews			Collins		
	係数	標準偏差	z値	係数	標準偏差	z値	係数	標準偏差	z値
定数項	−5.237	0.2190	−23.89	−5.238	0.2210	−23.71	−5.226	0.2230	−23.43
X	0.110	0.00368	29.87	0.110	0.00371	29.65	0.110	0.00374	29.33
R^2	0.986			0.986			0.986		
s	0.104			0.104			0.107		
調整定数									
第2段階	$B=1.548$			$A=0.450$			$x_0=0.5005, x_1=1.044428, r=1.5$		
第3段階	$B=4.691$			$A=1.339$			$x_0=1.5908, x_1=1.651462, r=4.0$		
$\hat{\sigma}$	0.18620			0.19161			0.18414		
ウエイト0の観測値番号	15, 16, 17, 18, 19, 20, 21			15, 16, 17, 18, 19, 20, 21			15, 16, 17, 18, 19, 20, 21		

	Hampel			tanh		
	係数	標準偏差	z値	係数	標準偏差	z値
定数項	−5.233	0.2290	−22.83	−5.203	0.2020	−25.75
X	0.110	0.00385	28.58	0.109	0.0034	32.06
R^2	0.985			0.988		
s	0.110			0.097		
調整定数						
第2段階	$\alpha=0.5, \beta=0.7797, \gamma=1.5$			$r=1.4703, K=3.5, A=0.113080, B=0.183098, p=0.192863$		
第3段階	$\alpha=1.5, \beta=2.547, \gamma=4.0$			$r=3.866, K=4.5, A=0.791269$, B=0.867004, p=1.610632		
$\hat{\sigma}$	0.19990			0.14773		
ウエイト0の観測値番号	15, 16, 17, 18, 19, 20, 21			15, 16, 17, 18, 19, 20, 21		

$$Y=-5.24+0.11X$$

を得ている．表5.5のTukeyのΨのケースはYohai論文の結果と同じである．

この例においても，クラフトポイントデータの場合のように第3段階のくりかえし再加重最小2乗で頑健推定に失敗するΨ関数はない．

▶例5.3　リンパ球数の別モデル

例4.7で，リンパ球数のモデル（4.21）式をOLS，τ，3段階S推定，BIEで推定した（表4.14）．この（4.21）式は，しかし，MM推定でX_2が有意とならない

ない．図 4.10(a) に示されているように，OLS の X_2 の係数 $\hat{\beta}_2$ のまわりの点の散らばりが大きく，$\hat{\beta}_2$ は不安定であることはすでに見た．

（4.21）式の Tukey の Ψ による MM 推定は次式になる（調整定数は表 5.1 と同じ）．（　）内は z 値である．

$$\underset{(2.09)}{Y=3.965}-\underset{(-1.94)}{0.2097X_2}+\underset{(42.50)}{1.039X_3}-\underset{(-25.11)}{0.9161X_4}$$

$$R^2=0.985,\quad s=0.477$$

ウエイト 0　#21，#50

他の Ψ 関数による MM 推定値も β_2 は 0 と有意に異ならない．（4.21）式とは別の定式化を試みる．X_2 のみボックス・コックス変換し，$\lambda=1.2$ の最尤推定値が得られたので，改めて

$$Y=VY,\quad X_2=VX_2^{1.2},\quad X_j=VX_j,\quad j=3,4$$

とおき，モデルを

$$Y_i=\beta_1+\beta_2X_{2i}+\beta_3X_{3i}+\beta_4X_{4i}+\varepsilon_i \tag{5.4}$$
$$\varepsilon_i\sim \mathrm{iid}(0,\sigma^2)$$

とする．

（5.4）式の OLS による推定結果は次式，（　）内は t 値である．OLS 残差 e，h_{ii} 等は**表 5.6**，LR プロットは**図 5.1** である．

$$\underset{(2.67)}{Y=17.2039}-\underset{(-2.52)}{0.1733X_2}+\underset{(22.96)}{0.8357X_3}-\underset{(-13.45)}{0.8809X_4} \tag{5.5}$$

$$R^2=0.922,\quad s=2.733$$

$$\mathrm{BP}=7.47272(0.058),\quad \mathrm{W}=21.6896(0.010)$$

$$\mathrm{RESET}(2)=0.789978(0.379)$$

$$\mathrm{RESET}(3)=3.68778(0.033)$$

$$\mathrm{SW}=0.86018(0.000)$$

が得られ，有意水準 5% で W テスト，RESET(3) はそれぞれ不均一分散，定式化ミスを示唆しており，SW から（5.4）式の ε に正規性は成立していない．

標本歪度＝−1.91206，標本尖度＝10.7609

であるから，歪度＜0，尖度＞3 の非正規分布である．

表 5.6，LR プロットより，h_{ii} が

$$\frac{3k}{n}=0.235<\#47$$

表 5.6　(5.4) 式の OLS 残差 e, h_{ii} 等

i	e	h_{ii}	MD_i^2	a_i^2	t_i	i	e	h_{ii}	MD_i^2	a_i^2	t_i
1	−1.3794	0.160	7.007	0.54	−0.55	27	−1.5323	0.034	0.741	0.67	−0.57
2	−0.4147	0.046	1.337	0.05	−0.15	28	−0.1263	0.056	1.838	0.00	−0.05
3	−1.9379	0.062	2.139	1.07	−0.73	29	0.5441	0.035	0.772	0.08	0.20
4	−1.4051	0.056	1.826	0.56	−0.53	30	1.2733	0.031	0.587	0.46	0.47
5	0.7400	0.045	1.294	0.16	0.27	31	−3.2623	0.164	7.225	3.03	−1.32
6	−0.7552	0.026	0.308	0.16	−0.28	32	1.2958	0.070	2.511	0.48	0.49
7	1.3333	0.116	4.819	0.51	0.51	33	1.4386	0.047	1.377	0.59	0.54
8	1.1851	0.038	0.908	0.40	0.44	34	0.0598	0.111	4.578	0.00	0.02
9	4.1305	0.080	3.011	4.86	1.60	35	0.2826	0.066	2.324	0.02	0.11
10	1.6418	0.147	6.381	0.77	0.65	36	−3.1093	0.064	2.236	2.75	−1.18
11	3.3766	0.033	0.666	3.25	1.26	37	1.3775	0.029	0.458	0.54	0.51
12	2.1017	0.141	6.056	1.26	0.83	38	−0.4690	0.157	6.872	0.06	−0.19
13	1.3924	0.035	0.769	0.55	0.51	39	−1.5491	0.024	0.236	0.68	−0.57
14	0.7203	0.022	0.097	0.15	0.26	40	1.3196	0.054	1.696	0.50	0.49
15	−0.3667	0.091	3.563	0.04	−0.14	41	0.8805	0.032	0.604	0.22	0.32
16	−1.8644	0.081	3.047	0.99	−0.71	42	−4.8613	0.053	1.652	6.73	−1.88
17	0.5582	0.043	1.161	0.09	0.21	43	−2.3685	0.133	5.686	1.60	−0.93
18	1.5467	0.062	2.121	0.68	0.58	44	0.4003	0.102	4.136	0.05	0.15
19	3.6008	0.047	1.369	3.69	1.36	45	1.3494	0.085	3.246	0.52	0.51
20	0.8661	0.050	1.513	0.21	0.32	46	0.7808	0.034	0.700	0.17	0.29
21	−5.5623	0.074	2.717	8.82	−2.20	47	5.2737	0.329	15.448	7.92	2.48
22	−1.5544	0.085	3.249	0.69	−0.59	48	0.1475	0.137	5.894	0.01	0.06
23	1.2335	0.176	7.813	0.43	0.49	49	1.9246	0.044	1.241	1.06	0.72
24	−0.0450	0.051	1.560	0.00	−0.02	50	−11.9897	0.111	4.561	40.96	−6.27
25	0.0945	0.037	0.892	0.00	0.03	51	1.8194	0.102	4.124	0.94	0.70
26	−0.1359	0.092	3.635	0.01	−0.05						

$3k/n$=0.235, $2k/n$=0.157, $\chi^2_{0.05}(3)=7.815$.

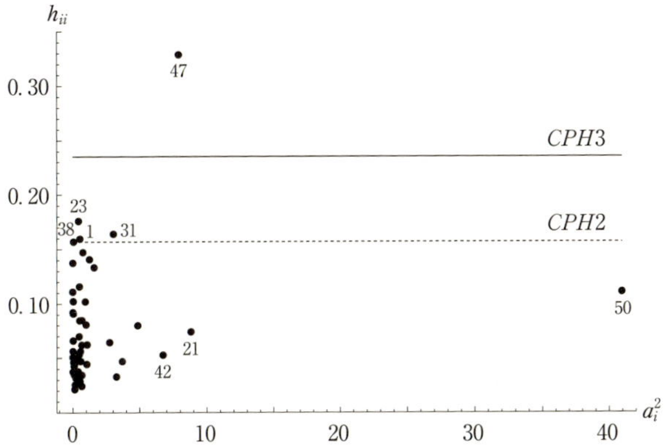

図 5.1　(5.4) 式 OLS の *LR* プロット

表 5.7　(5.4) 式の MM 推定値

	Tukey			Andrews			Collins		
	係数	標準偏差	z 値	係数	標準偏差	z 値	係数	標準偏差	z 値
定数項	9.262	3.4028	2.72	9.190	3.4725	2.65	9.553	3.2780	2.91
X_2	−0.0908	0.0364	−2.45	−0.0898	0.0371	−2.42	−0.0947	0.0351	−2.70
X_3	0.873	0.0214	40.74	0.871	0.0218	39.99	0.886	0.0202	43.81
X_4	−0.940	0.0382	−24.61	−0.936	0.0388	−24.13	−0.962	0.0361	−26.63
R^2	0.980			0.979			0.984		
s	1.341			1.373			1.317		
η_2	−0.537			−0.531			−0.560		
η_3	2.234			2.228			2.267		
η_4	−1.227			−1.222			−1.255		
調整定数	(1.81) 式の $c=6.0$			(2.8) 式の $c=2.1\pi$			(2.17) 式の $c=6.0$		
第 2 段階							$x_0=0.50050$, $x_1=1.044428$, $r=1.5$		
第 3 段階	4.691			1.339			$x_0=1.5908$, $x_1=1.651462$, $r=4.0$		
$\hat{\sigma}_M$	1.49074			1.54954			1.41387		
ウエイト 0 の観測値番号	50 21→0.11037, 31→0.26599, 42→0.045226			50 42→0.053930			42, 50 21→0.023812, 31→0.088301		

	Hampel			tanh		
	係数	標準偏差	z 値	係数	標準偏差	z 値
定数項	9.059	3.5737	2.54	9.847	4.0970	2.40
X_2	−0.0883	0.0383	−2.31	−0.0966	0.0437	−2.21
X_3	0.868	0.0223	38.97	0.870	0.0240	36.18
X_4	−0.933	0.0396	−23.58	−0.938	0.0429	−21.86
R^2	0.978			0.973		
s	1.447			1.679		
η_2	−0.521			−0.571		
η_3	2.222			2.226		
η_4	−1.217			−1.224		
調整定数	(2.23) 式の $c=6.0$			(2.28) 式の $c=6.0$		
第 2 段階	$\alpha=0.5$, $\beta=0.7797$, $\gamma=1.5$			$r=1.4703$, $K=3.5$, $A=0.113080$, $B=0.183098$, $p=0.192863$		
第 3 段階	$\alpha=1.5$, $\beta=2.547$, $\gamma=4.0$			$r=3.866$, $K=4.5$, $A=0.791269$, $B=0.867004$, $p=1.610632$		
$\hat{\sigma}_M$	1.58875			1.92150		
ウエイト 0 の観測値番号	50 21→0.10749, 42→0.031582			50 42→0.29323		

$$\frac{2k}{n}=0.157<\#1,\ \#23,\ \#31$$

$$\#38\text{ は境界}$$

となり，とくに#47はX方向の大きな外れ値である．

a_i^2が$100\times 3/n=5.88\%$を超えるのは，#21, 42, 47, 50であり，とくに，#50の40.96%は異常に大きなY方向の外れ値である．$|t_i|>2$となるのは#21, 47, 50の3点である．

(5.4) 式の定式化に若干の問題はあるが，(5.4) 式のMM推定の結果は**表5.7**に示されている．5.3節のアルゴリズムによるMM推定である．

β_jのMM推定値はΨ関数間で若干異なっているが，それほど相違は大きくない．しかし，β_jのMM推定値はOLSEとは大きく異なっている．β_jの推定値の相違はVX_jのVYへの弾性値の相違となる．平均で評価して，OLSからは$\eta_2=-1.024$, $\eta_3=2.138$, $\eta_4=-1.149$が得られるが，とくにMM推定値からのη_2は絶対値で小さい．

Y方向のきわめて大きな外れ値#50は，すべてのΨ関数でウエイト0になり，#42のウエイトも，tanhを除き，ほとんど0近くまで小さくなる．

表5.8は第2段階が$\hat{\sigma}_{\rm M}$ではなく，(5.3) 式の解として得られるs_nをσの推定値とする場合であり（表5.8の$\hat{\sigma}$），第1段階と第3段階は表5.7のMM推定と同じである．

まず，すべてのΨ関数で$\hat{\sigma}<\hat{\sigma}_{\rm M}$であり，したがって規準化残差は表5.8のMM推定の方が表5.7のケースより大きくなる．この相違が，Collins, Hampel, tanhのΨ関数では，#21, 31, 42, 50のウエイトを0にし，Tukey, Andrewsでもウエイトダウンが大きく，この影響で表5.8のβ_jのMM推定値は表5.7のMM推定値より，すべてのΨ関数において絶対値で大きい．もちろん，どのような状況でも$\hat{\sigma}<\hat{\sigma}_{\rm M}$となるわけではない（表5.4の$\hat{\sigma}_{\rm M}$と表5.5の$\hat{\sigma}$を比較せよ）．

表5.9は (5.4) 式の3段階S推定とBIEによる推定値である．TukeyとCollinsのΨ関数のケースのみ示した．3段階S推定もBIEも#21, 31, 42, 50のウエイトを0，あるいはほとんど0近くまで小さくするが，表5.8の対応するΨ関数のMM推定値と同じにならない．BIE (Tukey) のみ，X方向の外れ値#47のウエイトを0にする．BIE (Tukey) のβ_jの推定値が，Ψ関数が同じでも，表

表 5.8　（5.4）式の MM 推定値（第 2 段階（5.3）式の s_n）

	Tukey			Andrews			Collins		
	係数	標準偏差	z 値	係数	標準偏差	z 値	係数	標準偏差	z 値
定数項	9.676	3.0150	3.21	9.643	3.0258	3.19	9.742	3.0560	3.19
X_2	−0.0962	0.0322	−2.99	−0.0960	0.0323	−2.96	−0.0971	0.0327	−2.97
X_3	0.888	0.0191	46.51	0.888	0.0192	46.35	0.896	0.0185	48.30
X_4	−0.964	0.0342	−28.18	−0.964	0.0343	−28.11	−0.979	0.0335	−29.20
R^2	0.986			0.987			0.988		
s	1.168			1.175			1.215		
η_2	−0.569			−0.567			−0.573		
η_3	2.273			2.273			2.292		
η_4	−1.258			−1.257			−1.277		
調整定数									
第 2 段階	1.548			0.450			$x_0=0.50050,\ x_1=1.044428,\ r=1.5$		
第 3 段階	4.691			1.339			$x_0=1.5908,\ x_1=1.651462,\ r=4.0$		
$\hat{\sigma}$	1.26401			1.30053			1.25529		
ウエイト 0 の観測値番号	42, 50, 21 → 0.013928, 31 → 0.028256			50, 42 → 0.053930			21, 31, 42, 50		

	Hampel			tanh		
	係数	標準偏差	z 値	係数	標準偏差	z 値
定数項	9.606	3.1589	3.04	10.097	2.7019	3.74
X_2	−0.0958	0.0338	−2.84	−0.100	0.0290	−3.47
X_3	0.891	0.0195	45.63	0.889	0.0182	48.94
X_4	−0.969	0.0349	−27.78	−0.966	0.0326	−29.64
R^2	0.986			0.989		
s	1.26			1.038		
η_2	−0.566			−0.593		
η_3	2.280			2.275		
η_4	−1.264			−1.260		
調整定数						
第 2 段階	$\alpha=0.5,\ \beta=0.7797,\ \gamma=1.5$			$r=1.4703,\ K=3.5,\ A=0.113080,\ B=0.183098,\ p=0.192863$		
第 3 段階	$\alpha=1.5,\ \beta=2.547,\ \gamma=4.0$			$r=3.866,\ K=4.5,\ A=0.791269,\ B=0.867004,\ p=1.610632$		
$\hat{\sigma}$	1.35830			1.00984		
ウエイト 0 の観測値番号	21, 31, 42, 50			21, 31, 42, 50		

表5.9　(5.4) 式の3段階S推定値 およびBIE

	3段階S推定 (Tukey)			3段階S推定 (Collins)		
	係数	標準偏差	z 値	係数	標準偏差	z 値
定数項	10.009	3.0580	3.27	10.082	3.0883	3.26
X_2	−0.0988	0.0327	−3.02	−0.100	0.0331	−3.02
X_3	0.881	0.0196	44.93	0.885	0.0199	44.51
X_4	−0.951	0.0350	−27.17	−0.959	0.0354	−27.07
R^2	0.986			0.986		
s	1.168			1.210		
η_2	−0.591			−0.591		
η_3	2.254			2.266		
η_4	−1.240			−1.251		
調整定数	4.691			$x_0=1.5908$, $x_1=1.651462$, $r=4.0$		
ウエイト0の観測値番号	21, 42, 50 31→0.057560			21, 31, 42, 50		

	BIE (Tukey)			BIE (Collins)		
	係数	標準偏差	z 値	係数	標準偏差	z 値
定数項	7.590	2.9891	2.54	8.623	3.0036	2.87
X_2	−0.0721	0.0322	−2.24	−0.0848	0.0322	−2.63
X_3	0.839	0.0222	37.73	0.874	0.0213	41.10
X_4	−0.877	0.0384	−22.83	−0.939	0.0371	−25.28
R^2	0.984			0.985		
s	1.102			1.138		
η_2	−0.426			−0.501		
η_3	2.146			2.236		
η_4	−1.144			−1.225		
調整定数	4.691			$x_0=1.5908$, $x_1=1.651462$, $r=4.0$		
ウエイト0の観測値番号	21, 42, 47, 50 31→0.20850			21, 31, 42, 50		

5.7, 表5.8のMM推定値, 表5.9の3段階S推定ともかなり異なるのはこの#47の影響である.

▶例5.4　カリフォルニア州の年平均降雨量

表5.10のデータは, アメリカ, カリフォルニア州の30地域の気象観測所の年平均降雨量と, 観測所の地域特性である.

$RAIN$＝年平均降雨量 (単位：インチ)

表 5.10　カリフォルニア州 30 地域の年平均降雨量のデータ

地域	*RAIN*	*ALTD*	*LATD*	*DIST*	*SHADOW*	地域	*RAIN*	*ALTD*	*LATD*	*DIST*	*SHADOW*
1	39.57	43	40.80	1	0	16	47.82	4850	40.40	142	0
2	23.27	41	40.20	97	1	17	17.95	120	34.40	1	0
3	18.20	4152	33.80	70	1	18	18.20	4152	40.30	198	1
4	37.48	74	39.40	1	0	19	10.03	4036	41.90	140	1
5	49.26	6752	39.30	150	0	20	4.63	913	34.80	192	1
6	21.82	52	37.80	5	0	21	14.74	699	34.20	47	0
7	18.07	25	38.50	80	1	22	15.02	312	34.10	16	0
8	14.17	95	37.40	28	1	23	12.36	50	33.80	12	0
9	42.63	6360	36.60	145	0	24	8.26	125	37.80	74	1
10	13.85	74	36.70	12	1	25	4.05	268	33.60	155	1
11	9.44	331	36.70	114	1	26	9.94	19	32.70	5	0
12	19.33	57	35.70	1	0	27	4.25	2105	34.09	85	1
13	15.67	740	35.70	31	1	28	1.66	−178	36.50	194	1
14	6.00	489	35.40	75	1	29	74.87	35	41.70	1	0
15	5.73	4108	37.30	198	1	30	15.95	60	39.20	91	1

出所：Mendenhall and Sincich (2003), p. 669, Table14. 1.

$ALTD$＝観測所の標高（単位：フィート）

$LATD$＝観測所の緯度（単位：度）

$DIST$＝観測所の太平洋岸からの距離（単位：マイル）

$$SHADOW=\begin{cases}1, & \text{観測所の位置が風下向き}\\ 0, & \text{観測所の位置が西向き}\end{cases}$$

モデルを次のように定式化した．

$$Y_i=\beta_1+\beta_2X_{2i}+\beta_3X_{3i}+\beta_4X_{4i}+\beta_5X_{5i}+\beta_6X_{6i}+\varepsilon_i \qquad (5.6)$$

$$\varepsilon_i \sim \mathrm{iid}(0, \sigma^2)$$

ここで

$$Y=RAIN$$
$$X_2=ALTD^2\times 10^{-7}$$
$$X_3=LATD^2\times 10^{-2}$$
$$X_4=SHADOW$$
$$X_5=SHADOW\times LATD$$
$$X_6=SHADOW\times DIST\times 10^{-2}$$

である．

（5.6）式の OLS による推定結果は**表 5.11**，OLS 残差 e, h_{ii} 等は**表 5.12**，LR プロットは**図 5.2**，$\hat{Y}Y$ プロットは**図 5.3** に示されている．

表5.11　(5.6) 式のOLSおよびMM推定値

	OLS			Tukey			Andrews		
	係数	標準偏差	t値	係数	標準偏差	z値	係数	標準偏差	z値
定数項	−68.279	11.843	−5.77	−43.196	6.362	−6.79	−43.348	7.126	−6.08
X_2	2.408	1.081	2.23	3.987	0.553	7.21	3.875	0.613	6.32
X_3	7.060	0.863	8.18	4.970	0.481	10.33	4.988	0.538	9.26
X_4	136.153	34.688	3.93	59.808	19.313	3.10	72.549	20.944	3.46
X_5	−3.998	0.940	−4.25	−1.830	0.529	−3.46	−2.182	0.573	−3.80
X_6	−6.332	2.752	−2.30	−6.408	1.333	−4.81	−6.568	1.477	−4.45
R^2	0.868			0.956			0.943		
s	6.639			3.088			3.469		
調整定数				(1.81) 式の$c=6.0$			(2.8) 式の$c=2.1\pi$		
第2段階									
第3段階				4.691			1.339		
$\hat{\sigma}_M$				3.41171			3.97545		
ウエイト0の観測値番号				29 19→0.025457			29 19→0.30987		

	Collins			Hampel			tanh		
	係数	標準偏差	z値	係数	標準偏差	z値	係数	標準偏差	z値
定数項	−43.238	6.894	−6.27	−43.076	6.822	−6.31	−43.221	6.651	−6.50
X_2	3.886	0.585	6.64	3.999	0.578	6.91	3.823	0.565	6.77
X_3	4.983	0.521	9.57	4.956	0.514	9.64	4.984	0.502	9.93
X_4	89.965	21.410	4.41	58.611	20.330	2.88	110.353	19.440	5.68
X_5	−2.683	0.559	−4.78	−1.793	0.557	−3.22	−3.234	0.532	−6.08
X_6	−6.576	1.420	−4.63	−6.564	1.393	−4.71	−6.982	1.405	−4.97
R^2	0.948			0.950			0.953		
s	3.378			3.349			3.259		
調整定数	(2.17) 式の$c=6.0$			(2.23) 式の$c=6.0$			(2.28) 式の$c=6.0$		
第2段階	$x_0=0.50050$, $x_1=1.044428$, $r=1.5$			$\alpha=0.5$, $\beta=0.7797$, $\gamma=1.5$			$r=1.4703$, $K=3.5$, $A=0.113080$, $B=0.183098$, $p=0.192863$		
第3段階	$x_0=1.5908$, $x_1=1.651462$, $r=4.0$			$\alpha=1.5$, $\beta=2.547$, $\gamma=4.0$			$r=3.866$, $K=4.5$, $A=0.791269$, $B=0.867004$, $p=1.610632$		
$\hat{\sigma}_M$	3.02334			3.76078			3.27797		
ウエイト0の観測値番号	29 19→0.51714			29 19→0.022275			29 18→0.37152, 19→1.0		

OLSの結果から，次の検定統計量の値が得られる．

$$\mathrm{BP}=13.8502\ (0.017),\quad \mathrm{W}=22.2468\ (0.135)$$

$$\mathrm{RESET}(2)=2.36960\ (0.137)$$

表 5.12　(5.6) 式の OLS 残差 e, h_{ii} 等

i	e	h_{ii}	MD_i^2	a_i^2	t_i	i	e	h_{ii}	MD_i^2	a_i^2	t_i
1	−9.669	0.261	6.599	8.84	−1.77	16	−4.790	0.207	5.043	2.17	−0.80
2	8.171	0.181	4.293	6.31	1.39	17	2.685	0.142	3.165	0.68	0.43
3	5.088	0.256	6.460	2.45	0.88	18	5.177	0.292	7.507	2.53	0.92
4	−3.833	0.163	3.766	1.39	−0.62	19	−9.325	0.332	8.653	8.22	−1.80
5	−2.474	0.425	11.364	0.58	−0.48	20	2.348	0.261	6.606	0.52	0.40
6	−10.773	0.105	2.078	10.97	−1.79	21	0.329	0.150	3.369	0.01	0.05
7	4.543	0.103	2.017	1.95	0.72	22	1.185	0.155	3.518	0.13	0.19
8	−1.155	0.170	3.953	0.13	−0.19	23	−0.014	0.169	3.921	0.00	0.00
9	6.601	0.363	9.552	4.12	1.26	24	−4.678	0.089	1.626	2.07	−0.73
10	−1.624	0.210	5.122	0.25	−0.27	25	0.606	0.248	6.237	0.03	0.10
11	0.399	0.066	0.940	0.02	0.06	26	2.731	0.229	5.682	0.71	0.46
12	−2.366	0.105	2.072	0.53	−0.37	27	−5.059	0.158	3.628	2.42	−0.83
13	2.382	0.167	3.866	0.54	0.39	28	−2.063	0.206	5.020	0.40	−0.34
14	−4.122	0.102	1.986	1.61	−0.65	29	20.389	0.349	9.151	39.30	5.92
15	−2.765	0.212	5.180	0.72	−0.46	30	2.078	0.124	2.625	0.41	0.33

$3k/n=0.6$, $2k/n=0.4$, $\chi^2_{0.05}(5)=11.071$.

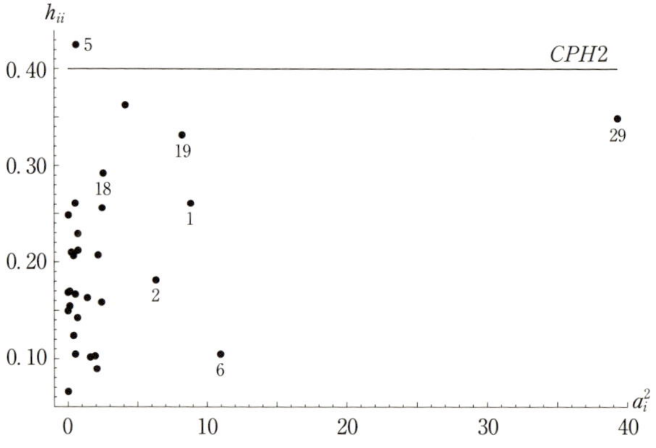

図 5.2　(5.6) 式 OLS の LR プロット

$$\mathrm{RESET}(3)=2.23891\ (0.130)$$

$$\mathrm{SW}=0.92851\ (0.0519)$$

均一分散の検定統計量 W は p 値 0.135 から問題ないが，BP からは有意水準 5% で均一分散の仮説は棄却され，不均一分散の可能性を否定できない．

SW は有意水準 5% で，ε の正規性を棄却しないが

$$標本歪度=0.99557,\quad 標本尖度=6.46257$$

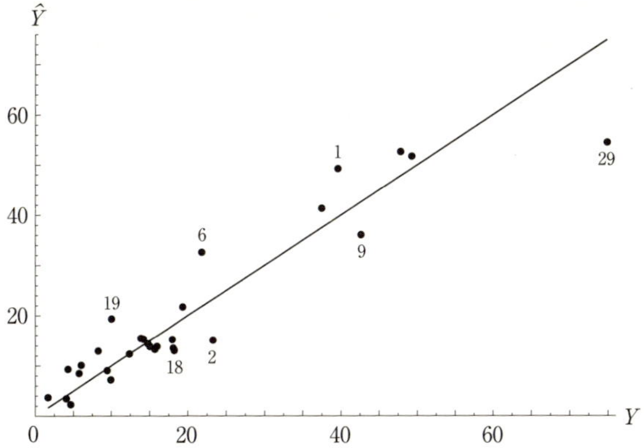

図 5.3　(5.6) 式の $\hat{Y}Y$ プロット

であり，JB（ジャルク・ベラテスト）= 19.94254（0.00005）は，ε の正規性を棄却する．

RESET(2)，(3) から定式化ミスは検出されないが，OLS 推定で上記の問題はある．

表 5.12，図 5.2 から h_{ii} で $3k/n = 0.6$ を超える観測値はないが，$2k/n = 0.4$ を超え，MD_i^2 でも $\chi^2_{0.05}(5) = 11.071$ を超えるのは #5 のみである．a_i^2 は #29 の 39.30% は相当大きな Y 方向の外れ値であり，#6 の 10.97% も $100 \times 3/n = 10\%$ を超え，この 2 個で残差平方和の 50.27% と過半数を占める．

図 5.3 は縦軸 $\hat{Y}$（OLS 推定値），横軸 Y，直線は $\hat{Y}_i = Y_i$，$i = 1, \cdots, n$ となる完全決定線である．図 5.3 より #1, 6, 19 は比較的大きな過大推定，#29 は大幅な過小推定，#2, 9, 18 も過小推定である．

(5.6) 式の MM 推定値も表 5.11 にある．すべての Ψ 関数で #29 のウエイトは 0 になり，Tukey の Ψ，Hampel の Ψ はさらに #19 のウエイトもほとんど 0 近くに小さくなる．#19 の tanh のウエイトは 1.0，Collins は約 0.5，Andrews は約 0.3 と，Ψ 関数間で #19 のウエイトはかなり異なる．

#19 のウエイトが全くダウンしない tanh の Ψ の場合，とくに β_4 の推定値は他の Ψ 関数のケースとくらべ大きく異なり，むしろ OLS の $\hat{\beta}_4$ に近い．

#19 および #29 の β_4, β_5 の OLSE $\hat{\beta}_4$, $\hat{\beta}_5$ への影響はきわめて大きい．このことは偏回帰作用点プロットから確認することができる．(5.6) 式で 1 は Y，j は

X_j, $j=2, 3, \cdots, 6$ を表し

$Rijklm$ = 変数 i の定数項および変数 j, k, l, m への線形回帰の OLS 残差

とすると，回帰

$$R12356 = b_4 R42356$$

の $b_4 = \hat{\beta}_4$ であり

$$R12346 = b_5 R52346$$

の $b_5 = \hat{\beta}_5$ に等しい．そしてこの b_j の勾配をもつ直線と点との垂直の乖離は (5.6) 式の OLS 残差に等しい．

図 5.4 は（$R42356$, $R12356$）の偏回帰作用点プロットであり，直線の勾配は $b_4 = \hat{\beta}_4 = 136.153$ である．#19 と #29 は直線から大きく乖離しており，この 2 点がなければ勾配はもっとゆるやかになると予想できる．

図 5.5 は（$R52346$, $R12346$）の偏回帰作用点プロット，直線の勾配は $b_5 = \hat{\beta}_5 = -3.998$ である．この図 5.5 からも，#29 の直線からの乖離は相当大きく，やはり #19 と #29 の 2 点が $\hat{\beta}_5$ に大きく影響しており，この 2 点がなければ，$\hat{\beta}_5$ は絶対値でもっと小さくなることがわかる．

実際，(5.6) 式を #19 と #29 の 2 個の観測値を除き（$n=28$），OLS で推定すると次の結果を得る．

$$\underset{(-6.05)}{Y = -43.012} + \underset{(6.66)}{4.014X_2} + \underset{(9.23)}{4.948X_3} + \underset{(2.68)}{56.770X_4} - \underset{(-3.00)}{1.740X_5} - \underset{(-4.52)}{6.568X_6} \quad (5.7)$$

$$\bar{R}^2 = 0.932, \quad s = 3.493$$

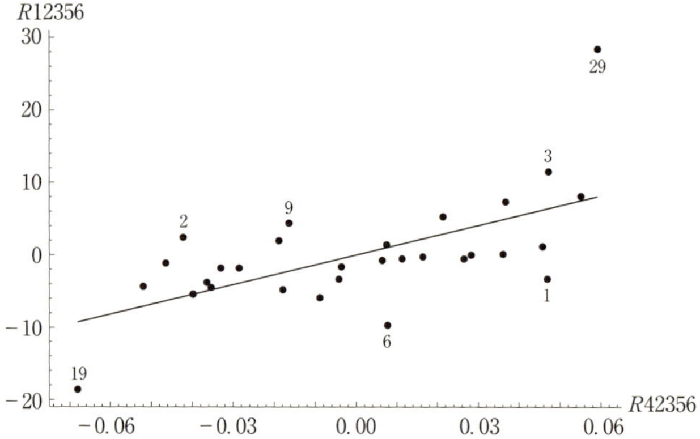

図 5.4　(5.6) 式 OLS の偏回帰作用点プロット（$\hat{\beta}_4$）

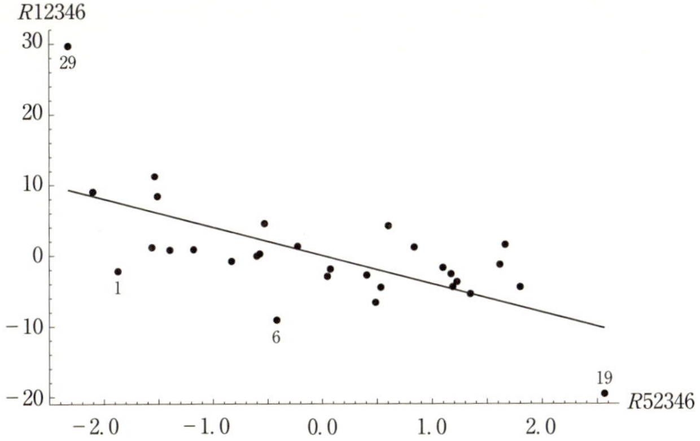

図5.5　(5.6) 式OLSの偏回帰作用点プロット ($\hat{\beta}_5$)

$$\mathrm{BP}=2.86723(0.720),\quad \mathrm{W}=16.5152(0.418)$$
$$\mathrm{RESET}(2)=0.045058(0.834)$$
$$\mathrm{RESET}(3)=2.08950(0.150)$$
$$\mathrm{SW}=0.9643(0.439),\quad \mathrm{JB}=0.736779(0.692)$$

全データ ($n=30$) の$\bar{R}^2=0.841$であるから, $\bar{R}^2$は0.932まで高くなり, $\hat{\beta}_4$も, $\hat{\beta}_5$も大きく変化する. 均一分散, 定式化ミスなしの検定統計量のp値も大きく, εの正規性も成立する. JBはジャルク・ベラの正規性検定統計量である.

#29のウエイトを0にし, #19のウエイトもほぼ0近くまで小さくするTukeyのΨ, HampelのΨ関数によるMM推定は, 全データを用いるOLSより明らかに外れ値に対処した好ましい結果を与える.

表5.13は, 第2段階のσの推定値を$\hat{\sigma}_{\mathrm{M}}$ではなく, (5.3) 式の解として得られる$s_n$を$\sigma$の推定値 (表5.13の$\hat{\sigma}$) に用いたMM推定値である. 第1段階, 第3段階は表5.11と同じである.

Tukey, Andrews, HampelのΨ関数で$\hat{\sigma}<\hat{\sigma}_{\mathrm{M}}$となり, #19, 29のウエイトが0になるので, Tukey, HampelのΨのとき, 表5.13と表5.11のβ_jのMM推定値はほとんど同じである. AndrewsのΨのケースは表5.13では#19のウエイトが0になるので, 表5.11のβ_4, β_5の推定値との相違が大きい. Collins, tanhの#19のウエイトはそれぞれ0.77837, 1.0と大きく, とくにβ_4の推定値が他のΨ関数と大きく異なる.

表 5.13　(5.6) 式の OLS および MM 推定値 (第2段階 (5.3) 式の s_n)

	Tukey			Andrews			Collins		
	係数	標準偏差	z 値	係数	標準偏差	z 値	係数	標準偏差	z 値
定数項	−43.202	6.197	−6.79	−43.192	6.225	−6.94	−43.215	6.939	−6.23
X_2	3.998	0.542	7.21	3.998	0.543	7.36	3.850	0.589	6.54
X_3	4.971	0.469	10.33	4.970	0.471	10.55	4.983	0.524	9.51
X_4	58.639	18.930	3.10	58.518	19.000	3.08	99.442	20.259	4.91
X_5	−1.799	0.519	−3.46	−1.795	0.521	−3.45	−2.935	0.555	−5.29
X_6	−6.360	1.306	−4.81	−6.372	1.310	−4.87	−6.712	1.442	−4.66
R^2	0.958			0.958			0.947		
s	3.002			3.018			3.400		
調整定数 第2段階 第3段階	 1.548 4.691			 0.450 1.339			 $x_0=0.50050$, $x_1=1.044428$, $r=1.5$ $x_0=1.5908$, $x_1=1.651462$, $r=4.0$		
$\hat{\sigma}$	3.16024			3.25053			3.15076		
ウエイト0の観測値番号	19, 29			19, 29			29 2→0.073659, 19→0.77837		

	Hampel			tanh		
	係数	標準偏差	z 値	係数	標準偏差	z 値
定数項	−43.113	6.602	−6.53	−43.884	5.410	−8.11
X_2	4.012	0.562	7.14	3.732	0.472	7.91
X_3	4.961	0.498	9.96	5.047	0.409	12.33
X_4	58.220	19.791	2.94	127.308	16.499	7.72
X_5	−1.784	0.542	−3.29	−3.700	0.451	−8.21
X_6	−6.465	1.357	−4.76	−7.386	1.170	−6.31
R^2	0.953			0.970		
s	3.238			2.635		
調整定数 第2段階 第3段階	 $\alpha=0.5$, $\beta=0.7797$, $\gamma=1.5$ $\alpha=1.5$, $\beta=2.547$, $\gamma=4.0$			 $r=1.4703$, $K=3.5$, $A=0.113080$, $B=0.183098$, $p=0.192863$ $r=3.866$, $K=4.5$, $A=0.791269$, $B=0.867004$, $p=1.610632$		
$\hat{\sigma}$	3.39596			2.59234		
ウエイト0の観測値番号	19, 29			2, 18, 29 19→1.0		

(5.6) 式の3段階S推定は，5種類のΨ関数すべてが#2, 29のウエイトを0にするが，#19のウエイトを0あるいは0近くまで小さくもしないので，β_4, β_5の推定値が表5.11，表5.13のTukeyあるいはHampelのΨのケースとの差は大きい.

TukeyのΨのときの3段階S推定値のみ記す.（ ）内はz値である．調整定数の値は表5.3と同じである.

$$Y = -44.223 + 3.655X_2 + 5.071X_3 + 124.599X_4 - 3.620X_5 - 7.330X_6 \quad (5.8)$$
$$\quad (-7.73) \quad (7.19) \quad (11.69) \quad (7.23) \quad (-7.69) \quad (-6.01)$$

$R^2 = 0.965$,　$s = 2.747$

第2段階の$\hat{\sigma} = 3.16024$

ウエイト0　#2, #29

▶例5.5　肝臓手術後の生存時間

例3.5,（3.23）式のMM推定値を示したのが**表5.14**である．BIE，τ推定，3段階S推定（TukeyのΨのみ）の推定結果はそれぞれ，表3.9，表4.11，(4.12)式に示されている．β_jのMM推定値は，tanhを除いて，Ψ関数間の相違は小さい．tanhのケースはβ_1およびβ_4の推定値が他のΨ関数の場合とくらべて少し小さい.

例3.5で説明したように，#22はY方向の外れ値（$a_i^2 = 15.08\%$），#5はX, Y両方向の外れ値（$h_{ii} = 0.169 > 2k/n = 0.148$, $a_i^2 = 7.85\%$, $t_i = -2.26$）であるが，表4.11のτ推定と同様，MM推定はすべてのΨ関数でウエイトが0になる観測値はない．BIE（表3.9）は#22のウエイト0，#5のウエイトも0近くまで小さくなった．しかし，β_jの推定値はBIE, τ, MM推定の間で，β_4のBIE推定値がτやMM推定より若干大きいが，それほど大きく異ならない.

しかし，Ψ関数をTukeyのケースで，BIEとMM推定のウエイトを比較すると相違は案外大きい．**図5.6**はBIEのウエイト，**図5.7**はMM推定のウエイトである．MM推定でウエイトが0.5より小さくなるのは#18と#22の2個のみであり，しかも#22のウエイトは0.3より大きい．他方，BIEは，#22のウエイト0，#5, 18, 30, 54のウエイトは0.5より小さい．0.8以上のウエイトもMM推定の方がBIEより多い.

表にはしなかったが，第2段階で$\hat{\sigma}_{\mathrm{M}}$ではなく，(5.3) 式の解として得られる

表 5.14　肝臓手術後の生存時間（3.23）式の MM 推定値

	Tukey			Andrews			Collins		
	係数	標準偏差	z 値	係数	標準偏差	z 値	係数	標準偏差	z 値
X_2	0.6648	0.0716	9.29	0.6609	0.0726	9.10	0.6607	0.0717	9.22
X_3	0.7319	0.0330	22.20	0.7343	0.0334	21.99	0.7333	0.0331	22.12
X_4	0.1054	0.0122	8.66	0.1053	0.0124	8.51	0.1055	0.0121	8.73
X_5	0.1417	0.0292	4.86	0.1408	0.0297	4.75	0.1420	0.0290	4.89
R^2	0.963			0.959			0.964		
s	0.148			0.151			0.151		
η_2	0.665			0.661			0.661		
η_3	0.732			0.734			0.733		
η_4	1.883			1.877			1.884		
η_5	0.268			0.266			0.268		
調整定数	(1.81) 式の $c=6.0$			(2.8) 式の $c=2.1\pi$			(2.17) 式の $c=6.0$		
第 2 段階	1.548			0.450			$x_0=0.50050,\ x_1=1.044428,\ r=1.5$		
第 3 段階	4.691			1.339			$x_0=1.5908,\ x_1=1.651462,\ r=4.0$		
$\hat{\sigma}_{\mathrm{M}}$	0.16764			0.17722			0.15297		
ウエイト 0 の観測値番号	なし			なし			なし		

	Hampel			tanh		
	係数	標準偏差	z 値	係数	標準偏差	z 値
X_2	0.6692	0.0737	9.09	0.6472	0.0783	8.27
X_3	0.7289	0.0338	21.58	0.7440	0.0356	20.90
X_4	0.1069	0.0124	3.61	0.1054	0.0134	7.87
X_5	0.1390	0.0301	4.62	0.1336	0.0323	4.14
R^2	0.955			0.941		
s	0.157			0.170		
η_2	0.669			0.647		
η_3	0.729			0.744		
η_4	1.891			1.851		
η_5	0.263			0.252		
調整定数	(2.23) 式の $c=6.0$			(2.28) 式の $c=6.0$		
第 2 段階	$\alpha=0.5,\ \beta=0.7797,\ \gamma=1.5$			$r=1.4703,\ K=3.5,\ A=0.113080,$ $B=0.183098,\ p=0.192863$		
第 3 段階	$\alpha=1.5,\ \beta=2.547,\ \gamma=4.0$			$r=3.866,\ K=4.5,\ A=0.791269,$ $B=0.867004,\ p=1.610632$		
$\hat{\sigma}_{\mathrm{M}}$	0.17295			0.21525		
ウエイト 0 の観測値番号	なし 22→0.31818			なし		

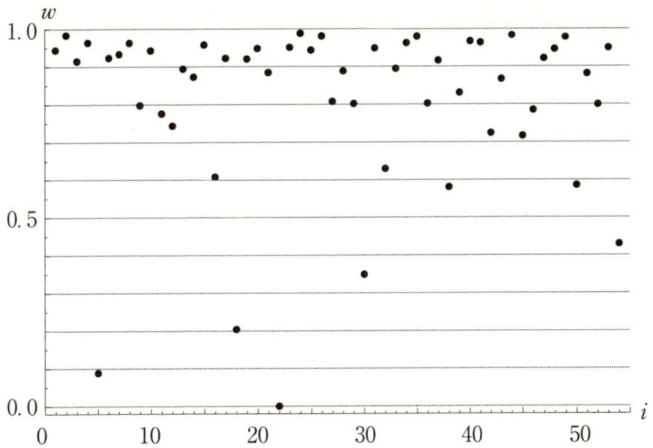

図 5.6　(3.23) 式 BIE (Tukey) のウエイト

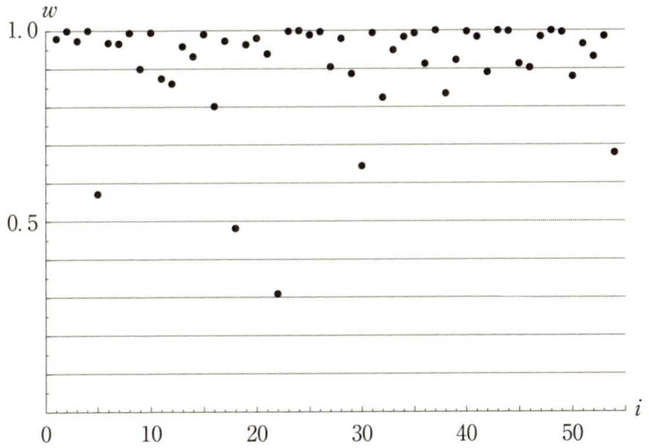

図 5.7　(3.23) 式 MM (Tukey) 推定のウエイト

$s_n=\hat{\sigma}$ を用いる MM 推定は，すべての Ψ 関数で $\hat{\sigma}<\hat{\sigma}_{\mathrm{M}}$ であるが，ウエイトが0になる観測値はなく，β_j の推定値も表 5.14 と大きくは異ならない.

▶例 5.6　星の表面有効温度と光強度

例 3.3，(3.19) 式の星の光強度の MM 推定値が**表 5.15** である．(3.19) 式の OLS および BIE 推定値は表 3.5，3段階 S 推定値は表 4.5 に示されている．*LR* プロットは図 3.2，(*X*, *Y*) の散布図と OLS，BIE (Tukey)，BIE (Andrews) の標本回帰線は図 3.3 にある.

表 5.15　星の光強度（3.19）式の MM 推定値

	Tukey			Andrews			Collins		
	係数	標準偏差	z 値	係数	標準偏差	z 値	係数	標準偏差	z 値
定数項	−5.183	1.737	−2.98	−5.148	1.737	−2.96	−5.462	1.788	−3.05
X	2.301	0.395	5.82	2.294	0.395	5.80	2.364	0.407	5.81
R^2	0.943			0.942			0.941		
s	0.349			0.350			0.363		
調整定数	（1.81）式の $c=6.0$			（2.8）式の $c=2.1\pi$			（2.17）式の $c=6.0$		
第 2 段階	1.548			0.450			$x_0=0.50050$, $x_1=1.044428$, $r=1.5$		
第 3 段階	4.691			1.339			$x_0=1.5908$, $x_1=1.651462$, $r=4.0$		
$\hat{\sigma}_M$	0.44018			0.44488			0.41754		
ウエイト 0 の観測値番号	11, 20, 30, 34			11, 20, 30, 34			11, 20, 30, 34		

	Hampel			tanh		
	係数	標準偏差	z 値	係数	標準偏差	z 値
定数項	−5.177	1.778	−2.91	−4.057	1.760	−2.30
X	2.299	0.405	5.68	2.047	0.401	5.10
R^2	0.939			0.932		
s	0.367			0.387		
調整定数	（2.23）式の c＝6.0			（2.28）式の $c=6.0$		
第 2 段階	$\alpha=0.5$, $\beta=0.7797$, $\gamma=1.5$			$r=1.4703$, $K=3.5$, $A=0.113080$, $B=0.183098$, $p=0.192863$		
第 3 段階	$\alpha=1.5$, $\beta=2.547$, $\gamma=4.0$			$r=3.378$, $K=6.0$, $A=0.855770$, $B=0.901663$, $p=1.907287$		
$\hat{\sigma}_M$	0.43070			0.77473		
ウエイト 0 の観測値番号	11, 20, 30, 34			11, 20, 30, 34		

表 5.15 の MM 推定は，すべての Ψ 関数で #11, 20, 30, 34 のウエイトが 0 になるが，tanh の Ψ による β_j の推定値は他の Ψ 関数の推定値と比較して絶対値で小さい．

tanh の Ψ 以外は，β_1, β_2 の推定値はそれぞれ −5, 2.3 ぐらいでほぼ同じであり，表 4.5 の 3 段階 S 推定値より絶対値で小さい．この星の光強度のデータは推定法によって β_j 推定値はかなりバラつきがある．β_2 の推定値は BIE が 2.2〜3.0，3 段階 S 推定が 2.6〜2.9 と Ψ 関数間で変動がある．MM 推定は，tanh を除き，約2.3である．

表5.16はMM推定の第2段階で，σの推定値を（5.3）式の解$s_n=\hat{\sigma}$として求めたケースである．#11, 20, 30, 34のウエイトが0になるのはすべてのΨ関数で同じである．このデータでは，tanhを除き$\hat{\sigma}>\hat{\sigma}_M$であり，$\beta_2$の推定値はHampelの$\Psi$の約2.1，それ以外の$\Psi$関数は約2.2である．

表5.15のtanhのΨ関数のケースのみ他のΨ関数と比較してβ_jの推定値が少し異なる，と前述したが，ウエイト0になる4個の観測値を除くtanhの43個の

表5.16 星の光強度（3.19）式のMM推定値（第2段階（5.3）式のs_n）

	Tukey			Andrews			Collins		
	係数	標準偏差	z値	係数	標準偏差	z値	係数	標準偏差	z値
定数項	−4.878	1.740	−2.80	−4.822	1.740	−2.77	−4.559	1.772	−2.57
X	2.233	0.396	5.64	2.220	0.396	5.61	2.160	0.404	5.35
R^2	0.940			0.940			0.935		
s	0.357			0.359			0.379		
調整定数									
第2段階	1.548			0.450			$x_0=0.50050$, $x_1=1.044428$, $r=1.5$		
第3段階	4.691			1.339			$x_0=1.5908$, $x_1=1.651462$, $r=4.0$		
$\hat{\sigma}$	0.48802			0.50178			0.49044		
ウエイト0の観測値番号	11, 20, 30, 34			11, 20, 30, 34			11, 20, 30, 34		

	Hampel			tanh		
	係数	標準偏差	z値	係数	標準偏差	z値
定数項	−4.432	1.768	−2.51	−4.704	1.782	−2.64
X	2.131	0.403	5.29	2.192	0.406	5.40
R^2	0.934			0.935		
s	0.381			0.377		
調整定数						
第2段階	$\alpha=0.5$, $\beta=0.7797$, $\gamma=1.5$			$r=1.4703$, $K=3.5$, $A=0.113080$, $B=0.183098$, $p=0.192863$		
第3段階	$\alpha=1.5$, $\beta=2.547$, $\gamma=4.0$			$r=3.378$, $K=6.0$, $A=0.855770$, $B=0.901663$, $p=1.907287$		
$\hat{\sigma}$	0.52505			0.42223		
ウエイト0の観測値番号	11, 20, 30, 34			11, 20, 30, 34		

観測値のウエイトはすべて 1 である．したがって tanh の Ψ の β_1, β_2 の推定値は，ウエイト 0 になる 4 個の観測値を除いたときの OLSE に等しい．その意味で表 5.15 の tanh の Ψ のケースは β_j 推定値を比較する上で 1 つの判断基準を与える．

▶例 5.7　登山レースの優勝時間

例 4.3，(4.11) 式の登山レースの優勝時間の MM 推定が**表 5.17** に示されている．5 種類の Ψ 関数が #18 のウエイトのみ 0 にし，Ψ 関数間の β_j 推定値の相違は小さいので，Tukey の Ψ 関数のケースのみ示す．表 5.17 の左が第 2 段階 $\hat{\sigma}_M$，右が $\hat{\sigma}$ の場合である．*LR* プロットが図 4.3，3 段階 S 推定値が表 4.6 にある．

例 4.3 で検討したように，このデータは #18 が Y 方向の大きな外れ値 ($a_i^2=75.58\%$, $t_i=10.05$)，#7 が X 方向の，やはり大きな外れ値 ($h_{ii}=0.777>3k/n=0.171$, $MD_i^2=25.587>\chi^2_{0.05}(2)=5.991$)，#11 ($h_{ii}=0.381$, $MD_i^2=20.489$) も X 方向の外れ値である．

ところが，MM 推定は #18 のウエイトのみ 0 になり，表 5.17 の左の $\hat{\sigma}_M$ のケースは #7, 11 のウエイトはそれぞれ 0.99984, 0.87580，右の $\hat{\sigma}$ のケースはそれぞれ 0.99999, 0.85202 ときわめて大きく，強い作用点 (X 方向の大きな外れ値) に全く対処していない．例 4.3 で述べたように，X 方向の外れ値に BIE も無防備であった．#18, 7, 11 のウエイトを 0 もしくはほとんど 0 まで小さくする 3 段階 S 推定が，BIE や MM 推定より，この例では状況に適切に対応した頑健回帰

表 5.17　登山レースの優勝時間 (4.11) 式の MM 推定値

	Tukey (第 2 段階 ($\hat{\sigma}_M$))			Tukey (第 2 段階 ($\hat{\sigma}$))		
	係数	標準偏差	z 値	係数	標準偏差	z 値
X_2	6.473	0.124	52.36	6.470	0.122	53.04
X_3	3.551	0.193	18.39	3.547	0.189	18.73
R^2	0.989			0.990		
s	5.094			4.980		
調整定数	(1.81) 式の $c=6.0$					
第 2 段階	1.548			1.548		
第 3 段階	4.691			4.691		
σ の推定値	5.79136			5.36074		
ウエイト 0 の観測値番号	18			18		

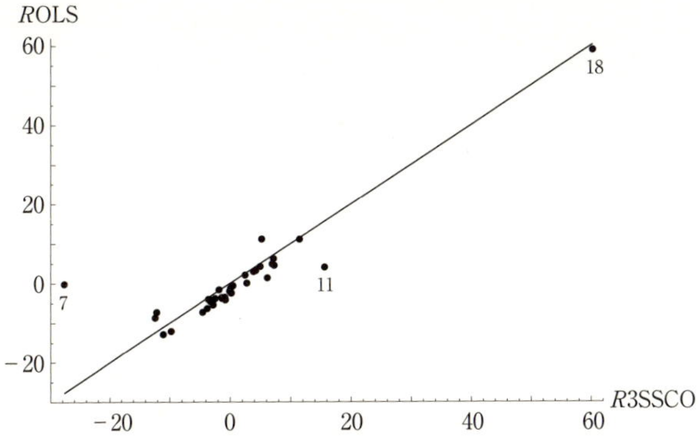

図5.8(a) (4.11) 式のOLSと3段階S推定 (Collins) の *RR* プロット

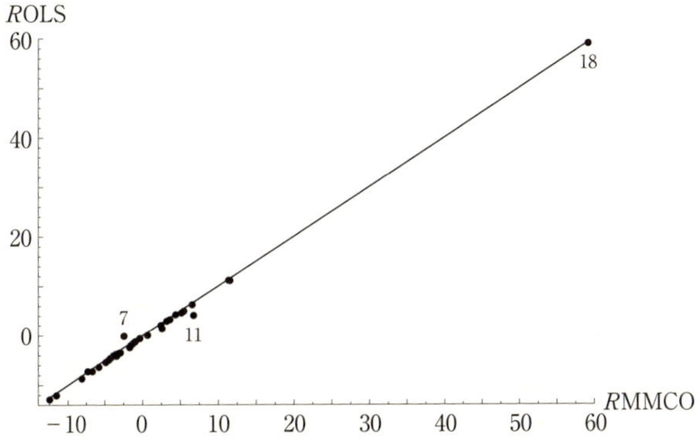

図5.8(b) (4.11) 式のOLSとMM (Collins) 推定の *RR* プロット

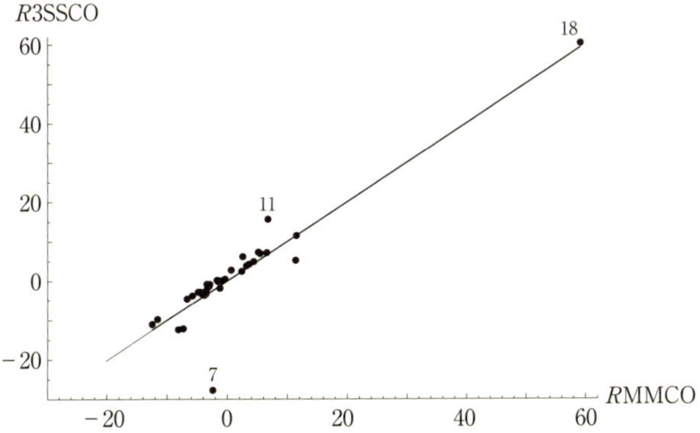

図5.8(c) (4.11) 式の3段階S推定 (Collins) とMM (Collins) 推定の *RR* プロット

になっている．

Collins の Ψ 関数のケースで，3 段階 S 推定と MM 推定の *RR* プロット（residual-residual plot）で確かめてみよう．Collins の 3 段階 S 推定値は表 4.6，#7, 11, 18 のウエイト 0，MM 推定値は，β_1, β_2 それぞれが 6.474，3.628 である．ここで *RR* プロットとは，縦軸に OLS 残差 *R*OLS，横軸に 3 段階 S 推定の残差 *R*3SSCO あるいは MM 推定の残差 *R*MMCO をプロットした散布図である．

図 5.8(a) が 3 段階 S 推定の（*R*3SSCO, *R*OLS），図 5.8(b) は MM 推定の（*R*MMCO, *R*OLS）のプロットであり，直線は *R*OLS＝*R*3SSCO あるいは *R*OLS＝*R*MMCO の一致線である．図 5.8(c) は（*R*MMCO, *R*3SSCO）の *RR* プロットと一致線である．

図 5.8(a)，(b)，(c) すべて #18 の残差は他の残差から著しく離れており，約 60 の一致線に近い．図 5.8(a) と図 5.8(b) を比較すると，#7 と #11 は強い作用点であるから，OLS はこの 2 点に引っ張られて適合度を高め，OLS 残差はほとんど 0 である（図 4.6，図 4.7 の偏回帰作用点プロットを参照されたい）．しかし，3 段階 S 推定の #7, 11 の残差は一致線から相当離れており（図 5.8(a)），MM 推定のこの 2 点の残差は一致線から余り離れていない（図 5.8(b)）．この #7 と #11 の残差の 3 段階 S 推定と MM 推定の相違は図 5.8(c) からもわかり，#7 の残差の一致線からの乖離の方が #11 の残差より大きい．

2 つの推定法の残差を比較するとき，*RR* プロットも有用な 1 つの方法である，と述べたのは Yohai et al.（1991）である．

5.5 複　合　推　定

複数の推定法の組み合わせから構成される推定法を複合推定 compound estimation と呼ぶ．その意味では MM 推定も複合推定であるが，以下であつかうのは 1 ステップの複合推定である．

5.5.1 1 ステップ M 推定（OSM）

Rousseeuw and Leroy（2003）は，次の推定法によって得られる推定量を 1 ステップ M 推定量と定義している（p. 129）．

第 1 段階

LMS を用いて，$\boldsymbol{\beta}$ の LMS 推定値 $\boldsymbol{\beta}^* = (\beta_1^*, \cdots, \beta_k^*)'$ を求め，残差を

$$r_i^* = Y_i - \boldsymbol{x}_i'\boldsymbol{\beta}^*$$

とし，r^* より σ の推定値 σ^* を推定する（Rousseeuw and Leroy は σ^* の推定法は示していない）．この σ^* を用いて r_i^* を規準化し

$$u_i^* = \frac{r_i^*}{\sigma^*}$$

とする．

第 2 段階

$\boldsymbol{\beta}$ の 1 ステップ M 推定量（OSM）を次式によって求める．

$$\hat{\boldsymbol{\beta}}_{\text{OSM}} = \boldsymbol{\beta}^* + (\boldsymbol{X}'\boldsymbol{X})^{-1}\boldsymbol{X}'\boldsymbol{\Psi}(u^*)\frac{\sigma^*}{B(\Psi, \Phi)} \tag{5.9}$$

ここで

$$\boldsymbol{\Psi}(u^*) = \begin{bmatrix} \Psi(r_1^*/\sigma^*) \\ \vdots \\ \Psi(r_n^*/\sigma^*) \end{bmatrix}$$

$$B(\Psi, \Phi) = \int \Psi'(u^*)\,d\Phi(u^*)$$

である．

Tukey の Ψ 関数を例として，(5.9) 式から求めた β_j の OSM を，これまでのいくつかの具体例に対し，**表 5.18** に示した．表 5.18 で，単純回帰の説明変数はすべて X_2 としている．σ^* は (1.81) 式の s_{TKY} により推定した．Ψ 関数の調整定数の値は 4.691 である．

表 5.18　(5.9) 式からの回帰係数 1 ステップ M 推定値

	(4.9) 式	(1.82) 式	(3.19) 式	(4.20) 式	(4.11) 式	(3.23) 式	(5.4) 式	(5.6) 式
定数項	−164.975	−5.034	−12.05	−0.027			8.3724	−43.682
X_2	0.575	0.107	3.866	1.035	5.7981	0.6041	−0.0817	3.793
X_3					5.6452	0.7682	0.873	5.047
X_4						0.0994	−0.942	117.600
X_5						0.1415		−3.427
X_6								−7.980

(4.9)式：クラフトポイント，(1.82)式：ベルギー国際電話の呼び出し回数，(3.19)式：星の光強度，(4.20)式：実験データ，(4.11)式：登山レースの優勝時間，(3.23)式：肝臓手術後の生存時間，(5.4)式：リンパ球数，(5.6)式：カリフォルニア州 30 地域の年平均降雨量．

表5.18のβ_jのOSMを，BIE，τ推定，3段階S推定，MM推定のTukeyのΨ関数による推定値と比較すると，余り大差のない推定値もあるが，クラフトポイントデータや星の光強度データではβ_2のOSMは大きい．(5.6)式のOSMもMM推定値（表5.11）と大きく異なる．

以下で示すのは(5.9)式によるOSMではなく，次の2段階から成る1ステップM推定である．

5.5.2　1ステップ M 推定

第1段階

LMSを適用し，LMS残差r_iからσの推定値を

$$s_0=\frac{\text{MAD}}{0.6745}$$

とし，規準化残差

$$\hat{u}_i=\frac{r_i}{s_0},\quad i=1,\cdots,n$$

を計算する．

第2段階

Ψ関数の調整定数を，正規分布のもとで回帰係数推定量に95%の漸近的有効性を与える値に設定し，ウエイトw_iを求め，加重変数を作り，1ステップの加重回帰を行う．

5.5.3　1ステップ BIE

1ステップM推定と同様，1ステップBIEの目的も第1段階で高いBDPをもつLMSあるいはLTSを適用し，第2段階で，誤差項が正規分布のときにも回帰係数推定量に高い漸近的有効性を与える調整定数のもとで，再下降Ψ関数による頑健回帰推定を行う．

第1段階でLTS，第2段階で1ステップBIEを用いる推定法は，Coakley and Hettamansperger (1993) が提唱し，CH法として知られている．

Coakley and Hettamansperger (1993) が示したのは次のような1ステップ推定である．第1段階の$\boldsymbol{\beta}$のLTS推定量を$\hat{\boldsymbol{\beta}}_{\text{LTS}}$，LTS残差を$r_i$，$\sigma$の推定値を$\hat{\sigma}$，ウエイト$w_i=w_i(\boldsymbol{x}_i')$は作用点に依存するウエイト関数とする．

$$\hat{u}_i = \frac{r_i}{\hat{\sigma} w_i}, \quad i=1, \cdots, n$$

と表すと，$\boldsymbol{\beta}$ の CH 推定量は次式によって得られる．

$$\hat{\boldsymbol{\beta}}_{\mathrm{CH}} = \hat{\boldsymbol{\beta}}_{\mathrm{LTS}} + (\boldsymbol{X}'\boldsymbol{B}\boldsymbol{X})^{-1}\boldsymbol{X}'\boldsymbol{W}\boldsymbol{\Psi}(\hat{u})\hat{\sigma} \tag{5.10}$$

ここで

$$\boldsymbol{B} = \mathrm{diag}\left\{\Psi'(\hat{u}_i)\right\}, \quad i=1, \cdots, n$$

$$\boldsymbol{W} = \mathrm{diag}\{w_i\}, \quad i=1, \cdots, n$$

$$\boldsymbol{\Psi}(\hat{u}) = \begin{bmatrix} \Psi(\hat{u}_1) \\ \vdots \\ \Psi(\hat{u}_n) \end{bmatrix}$$

である．

Schweppe のケースは

$$w(\boldsymbol{x}_i') = (1-h_{ii})^{\frac{1}{2}}$$

である（3.4 節参照）．

(5.10)式から得られる β_j の CH 推定値を，Tukey の Ψ 関数のケースで，表5.18 と同様，**表 5.19** に推定値のみ示す．σ の推定値 $\hat{\sigma}$ は，LTS 残差から

$$s_0 = \frac{\mathrm{MAD}}{0.6745}$$

によって求める．Ψ 関数の調整定数は 4.691 である．

(1.82)式の β_1, β_2 の推定値は M 推定(表 1.4，表 3.2)，BIE(表 3.3)，τ 推定(表 4.11)，MM 推定（表 5.4，表 5.5）とほとんど同じであるが，(4.9) 式の β_2 の推定値 0.520 は，3 段階 S 推定（表 4.3），MM 推定（表 5.1），τ 推定の約 5.0 と

表 5.19 (5.10) 式からの回帰係数 CH 推定値

	(4.9) 式	(1.82) 式	(3.19) 式	(4.20) 式	(4.11) 式	(3.23) 式	(5.4) 式	(5.6) 式
定数項	−147.011	−5.215	−5.817	−0.058			8.129	−37.116
X_2	0.520	0.110	2.444	1.020	6.2667	1.6060	−0.080	4.658
X_3					3.6315	0.1174	0.887	4.486
X_4						0.2694	−0.964	120.446
X_5						0.0589		−3.505
X_6								−7.629

(4.9)式：クラフトポイント，(1.82)式：ベルギー国際電話の呼び出し回数，(3.19)式：星の光強度，(4.20)式：実験データ，(4.11)式：登山レースの優勝時間，(3.23)式：肝臓手術後の生存時間，(5.4)式：リンパ球数，(5.6)式：カリフォルニア州 30 地域の年平均降雨量．

比べると少し大きい.

(3.23) 式の CH 推定値は, BIE (表 3.9) や MM 推定 (表 5.14) とは全く異なる. (5.6) 式の CH 推定値も MM 推定 (表 5.11, 表 5.13) ともかなり差が大きい. MM 推定値よりは (5.8) 式に示されている 3 段階 S 推定値の方に近い. しかし, このデータに関しては MM 推定が良い, ということを例 5.4 で説明した.

以下, これまでに推定してきた具体例のいくつかについて, 5.3.2 項の 1 ステップ M 推定と, (5.10) 式ではなく, (3.15) 式による 1 ステップ BIE による推定値を示す. Ψ 関数は Tukey の Ψ と Collins の Ψ のケースのみ示す. 1 ステップ M の第 1 段階は LMS, 1 ステップ BIE は LTS である.

▶例 5.8　クラフトポイント

表 5.20 はクラフトポイントのモデル (4.9) 式の 1 ステップ M および 1 ステップ BIE の推定値である. 3 段階 S 推定 (表 4.3), MM ($\hat{\sigma}_M$) 推定 (表 5.1) の β_1, β_2 の推定値は, 両推定とも, それぞれ約 -140 と 0.50 であり, τ 推定は -139 と 0.50 である. この推定値と比べると, 表 5.20 で Collins の 1 ステップ BIE 推定値のみがほぼ同じ値である.

Coakley and Hettamansperger (1993) は, σ の推定に, LMS 残差から $s_0=$ MAD/0.6745 を有限標本修正した

$$s_0'=\left(1+\frac{5}{n-k}\right)\frac{\text{MAD}}{0.6745}$$

を用いており, LTS 残差から s_0 をこのように有限標本修正すべきかは明らかになっていない, と述べている.

実際, クラフトポイントのデータで, LTS 残差から s_0' を求めると, $s_0'=14.17431>s_0=12.14941$ となる. s_0 より大きくなるから r_i/s_0' は小さくなり, 1 ステップ BIE で Tukey の Ψ のとき #32 のみウエイト 0, Collins の Ψ のとき #17, 18, 19, 31, 32 のウエイトが 0 になる. したがって, β_1, β_2 の 1 ステップ BIE 推定値も, Tukey の Ψ のとき -70.166, 0.287, Collins の Ψ のとき -104.417, 0.390 と大きく異なり, 外れ値に対処していない.

1 ステップ BIE, Tukey の Ψ で, 第 1 段階に LTS ではなく, LMS, $s_0=11.10118$ を用いると, β_1, β_2 の推定値はそれぞれ -146.103, 0.518 となり, #13

表 5.20 クラフトポイント（4.9）式の1ステップMおよび1ステップBIE推定値

	Tukey，1ステップM			Tukey，1ステップBIE		
	係数	標準偏差	z 値	係数	標準偏差	z 値
定数項	−145.092	20.929	−6.93	−133.181	21.509	−6.19
X	0.515	0.0644	8.00	0.479	0.0661	7.24
R^2	0.843			0.815		
s	5.805			6.136		
調整定数	4.691			4.691		
s_0	11.10118			12.14941		
ウエイト0の観測値番号	13, 14, 15, 16, 17, 18, 19, 20, 31, 32			17, 19, 31, 32, 13→0.03052, 14→0.0054112 15→0.015378, 16→0.0011602, 18→0.000042666 20→0.0010909		

	Collins，1ステップM			Collins，1ステップBIE		
	係数	標準偏差	z 値	係数	標準偏差	z 値
定数項	−143.697	21.160	−6.79	−141.395	21.020	−6.73
X	0.510	0.0650	7.84	0.503	0.0646	7.78
R^2	0.833			0.832		
s	6.073			6.061		
調整定数	$x_0=1.5908$, $x_1=1.651462$, $r=4.0$			$x_0=1.5908$, $x_1=1.651462$, $r=4.0$		
s_0	11.10118			12.14941		
ウエイト0の観測値番号	13, 14, 15, 16, 17, 18, 19, 20, 31, 32			13, 14, 15, 16, 17, 18, 19, 20, 31, 32		

〜#20, 31, 32のウエイトは0になる．0.518は0.50よりは少し大きく，表5.20の0.479とはかなり異なってくる．

▶例 5.9 Yohaiの実験データ

Yohaiの実験データによる（4.20）式の1ステップMおよびBIEの推定値が**表 5.21**である．1ステップM，1ステップBIEとも，#21〜#25までの汚染データのウエイトは0になる．したがって，このとき$\beta_1=0$, $\beta_2=1$が真の値である．

定数項はすべての推定値が0と有意に異ならず，1.0に一番近いのはTukey（1ステップBIE）の1.013である．β_2の推定値はτ，3段階S（Tukey），BIE（Tukey）がそれぞれ1.034, 1.019, 1.017であり（いずれも表4.10），MM（$\hat{\sigma}_{\mathrm{M}}$）がTukey，Collinsとも1.018（表5.2），MM（$\hat{\sigma}$）がTukey 1.018，Collins 1.019

表 5.21　実験データ (4.20) 式の 1 ステップ M および 1 ステップ BIE 推定値

	Tukey，1 ステップ M			Tukey，1 ステップ BIE		
	係数	標準偏差	z 値	係数	標準偏差	z 値
定数項	−0.051	0.1070	−0.48	−0.042	0.1066	−0.40
X	1.021	0.0377	21.07	1.013	0.0379	26.74
R^2	0.970			0.970		
s	0.456			0.436		
調整定数	4.691			4.691		
s_0	0.90025			0.70730		
ウエイト 0 の観測値番号	21, 22, 23, 24, 25			21, 22, 23, 24, 25		

	Collins，1 ステップ M			Collins，1 ステップ BIE		
	係数	標準偏差	z 値	係数	標準偏差	z 値
定数項	−0.041	0.1091	−0.38	−0.038	0.1097	−0.35
X	1.019	0.0384	26.50	1.018	0.0391	26.04
R^2	0.969			0.968		
s	0.472			0.464		
調整定数	$x_0=1.5908,\ x_1=1.651462,\ r=4.0$			$x_0=1.5908,\ x_1=1.651462,\ r=4.0$		
s_0	0.90025			0.70730		
ウエイト 0 の観測値番号	21, 22, 23, 24, 25			21, 22, 23, 24, 25		

(表 5.3) であった.

この実験データに関する 1 ステップ M および 1 ステップ BIE の推定値は他の頑健回帰推定値とほぼ同じである.

▶例 5.10　ベルギー国際電話の呼び出し回数

(1.82) 式の 1 ステップ M および BIE の推定値が**表 5.22** である．β_2 の推定値 0.110 は，表 1.4 の Huber の Ψ による M 推定 0.199 を除けば，Tukey の Ψ による M 推定 (表 1.4，表 3.2)，BIE (表 3.3)，τ 推定 (表 4.11)，MM 推定 (表 5.4，表 5.5) のすべてと同じ値である．3 段階 S 推定も，Tukey の Ψ，Collins の Ψ とも，やはり 0.110 と，このデータはどの頑健回帰推定も安定した推定値をもたらす．定数項 β_1 の推定値は推定法によってわずかの差はあるが，−5.2 から −5.3 ぐらいである.

表 5.22 ベルギー国際電話の呼び出し回数（1.82）式の1ステップMおよび1ステップBIE推定値

	Tukey，1ステップM			Tukey，1ステップBIE		
	係数	標準偏差	z 値	係数	標準偏差	z 値
定数項	−5.259	0.2110	−24.91	−5.275	0.217	−24.33
X	0.110	0.00354	31.14	0.111	0.00364	30.37
R^2	0.988			0.987		
s	0.098			0.097		
調整定数	4.691			4.691		
s_0	0.17606			0.17747		
ウエイト0の観測値番号	15, 16, 17, 18, 19, 20, 21			15, 16, 17, 18, 19, 20, 21		

	Collins，1ステップM			Collins，1ステップBIE		
	係数	標準偏差	z 値	係数	標準偏差	z 値
定数項	−5.217	0.2140	−24.39	−5.228	0.220	−23.74
X	0.110	0.00359	30.51	0.110	0.00370	29.67
R^2	0.987			0.986		
s	0.103			0.102		
調整定数	$x_0=1.5908,\ x_1=1.651462,\ r=4.0$			$x_0=1.5908,\ x_1=1.651462,\ r=4.0$		
s_0	0.17606			0.17747		
ウエイト0の観測値番号	15, 16, 17, 18, 19, 20, 21			15, 16, 17, 18, 19, 20, 21		

▶例 5.11　星の光強度

（3.19）式の1ステップMおよびBIEの推定値が**表 5.23**である．表5.23でβ_2の推定値は2.9から3.0である．この推定値はBIE（Collins）（表3.5），3段階S推定（表4.5），τ推定（表4.11）による推定値とほとんど同じであるが，MM推定（表5.15，表5.16）の推定値2.2から2.4ぐらいとは異なっている．例5.10のデータと異なり，推定法によってβ_jの推定値に少しバラつきがある例である．

▶例 5.12　リンパ球数

（5.4）式の1ステップMおよびBIEの推定値は**表 5.24**である．4通りの推定法の間でβ_jの推定値の差は小さい．（5.4）式のMM（$\hat{\sigma}_M$）は表5.6，MM($\hat{\sigma}$)は表5.8，3段階S推定とBIEによる推定値は表5.9にある．BIE（Tukey）の

表 5.23　星の光強度 (3.19) 式の1ステップ M および1ステップ BIE 推定値

	Tukey，1ステップ M			Tukey，1ステップ BIE		
	係数	標準偏差	z 値	係数	標準偏差	z 値
定数項	−7.948	1.870	−4.25	−8.352	1.878	−4.45
X_2	2.923	0.424	6.89	3.016	0.426	7.07
R^2	0.955			0.959		
s	0.326			0.318		
調整定数	4.691			4.691		
s_0	0.49536			0.47622		
ウエイト 0 の観測値番号	11, 20, 30, 34, 7→0.055770			11, 20, 30, 34, 7→0.0028808		

	Collins，1ステップ M			Collins，1ステップ BIE		
	係数	標準偏差	z 値	係数	標準偏差	z 値
定数項	−7.910	1.893	−4.18	−7.955	1.889	−4.21
X_2	2.915	0.430	6.78	2.926	0.429	6.82
R^2	0.956			0.957		
s	0.338			0.333		
調整定数	$x_0=1.5908$, $x_1=1.651462$, $r=4.0$			$x_0=1.5908$, $x_1=1.651462$, $r=4.0$		
s_0	0.49536			0.47622		
ウエイト 0 の観測値番号	7, 11, 20, 30, 34			7, 11, 20, 30, 34		

β_j 推定値は $j=1, 2, 3, 4$ のすべてにおいて絶対値で少し小さいが，1ステップ M，1ステップ BIE を含め，BIE（Tukey）以外の推定法の間で β_j 推定値のバラつきは小さい．1ステップ BIE（Tukey）は，表 5.9 の BIE（Tukey）と異なり，高い作用点 #47 のウエイトを 0 にしない．0.33147 のウエイトである．

▶例 5.13　登山レースの優勝時間

(4.11)式の例である．**表 5.25** に1ステップの推定値が示されている．1ステップ M の β_j, $j=1, 2$ の推定値は 3 段階 S 推定値（表 4.6）に近く，1ステップ BIE の β_2 の推定値は MM 推定値（表 5.17）に近いが，β_1 の推定値は MM 推定値より小さく，3 段階 S 推定の方に近い，という結果である．1ステップ M は #7, #11 の高い作用点（X 方向の誤差），#18（Y 方向の誤差）のウエイトを 0 にする．

表 5.24 リンパ球数（5.4）式の1ステップMおよび1ステップBIE推定値

	Tukey, 1ステップM			Tukey, 1ステップBIE		
	係数	標準偏差	z 値	係数	標準偏差	z 値
定数項	10.327	3.010	3.43	10.482	2.882	3.64
X_2	−0.102	0.0322	−3.17	−0.103	0.0308	−3.35
X_3	0.878	0.0197	44.59	0.880	0.0192	46.75
X_4	−0.943	0.0350	−26.92	−0.948	0.0342	−27.74
R^2	0.986			0.988		
s	1.132			1.030		
η_2	−0.604			−0.610		
η_3	2.245			2.251		
η_4	−1.231			−1.237		
調整定数	4.691			4.691		
s_0	1.20366			1.49670		
ウエイト0の観測値番号	21, 42, 50 31→0.044869			21, 31, 42, 50 47→0.33147		

	Collins, 1ステップM			Collins, 1ステップBIE		
	係数	標準偏差	z 値	係数	標準偏差	z 値
定数項	10.303	3.036	3.39	10.378	2.904	3.57
X_2	−0.102	0.0326	−3.14	−0.102	0.0312	−3.28
X_3	0.880	0.0201	43.69	0.881	0.0196	44.93
X_4	−0.948	0.0357	−26.55	−0.951	0.0348	−27.35
R^2	0.986			0.988		
s	1.177			0.1070		
η_2	−0.605			−0.604		
η_3	2.253			2.254		
η_4	−1.237			−1.241		
調整定数	$x_0=1.5908$, $x_1=1.651462$, $r=4.0$			$x_0=1.5908$, $x_1=1.651462$, $r=4.0$		
s_0	1.20366			1.49670		
ウエイト0の観測値番号	21, 31, 42, 50			21, 31, 42, 50 47→0.35715		

（4.11）式の β_1, β_2 の τ 推定値は6.339, 3.611, BIE（Tukey）は6.425, 3.588, BIE（Collins）は6.460, 3.522とMM推定値に近いことを参考までに示しておこう．

表 5.25　登山レースの優勝時間（4.11）式の1ステップMおよび1ステップBIE推定値

	Tukey，1ステップM			Tukey，1ステップBIE		
	係数	標準偏差	z 値	係数	標準偏差	z 値
X_2	6.043	0.179	33.72	6.134	0.135	45.33
X_3	4.898	0.456	10.73	3.696	0.218	16.94
R^2	0.980			0.986		
s	4.445			3.966		
調整定数	4.691			4.691		
s_0	5.09360			4.62707		
ウエイト0の観測値番号	7, 11, 18 31→0.26886, 35→0.34500			11, 18 6→0.21033, 7→0.47176, 33→0.0040891		

	Collins，1ステップM			Collins，1ステップBIE		
	係数	標準偏差	z 値	係数	標準偏差	z 値
X_2	6.059	0.185	32.78	6.150	0.139	44.15
X_3	4.870	0.477	10.22	3.684	0.228	16.15
R^2	0.978			0.985		
s	4.714			4.175		
調整定数	$x_0=1.5908$, $x_1=1.651462$, $r=4.0$			$x_0=1.5908$, $x_1=1.651462$, $r=4.0$		
s_0	5.09360			4.62707		
ウエイト0の観測値番号	7, 11, 18 31→0.27790, 35→0.36839			11, 18, 33 6→0.20380, 7→0.47176		

▶例 5.14　肝臓手術後の生存時間

（3.23）式の1ステップ推定値が**表 5.26** である．BIE は表 3.9，3段階S推定（Tukey の Ψ のみ）による β_j の推定値は（4.12）式に，MM（$\hat{\sigma}_M$）推定による推定結果は表 5.14 に示されている．

表 5.26 の1ステップ推定法の間で，β_j の推定値に大きな差はない．MM 推定や BIE よりも3段階S推定の推定値の方に β_j の1ステップ推定値は近い．

▶例 5.15　カリフォルニア州 30 地域の年平均降雨量

（5.6）式の1ステップ推定値が**表 5.27** である．表 5.11 に OLS，MM（$\hat{\sigma}_M$），表 5.13 に MM（$\hat{\sigma}$）の推定値が示されており，3段階S推定値は Tukey の Ψ のケースのみであるが（5.8）式である．表 5.27 の1ステップによる β_j の推定値は MM 推定よりは3段階S推定に近い．とくに β_4 の推定値は1ステップが 130

表 5.26 肝臓手術後の生存時間 (3.23) 式の1ステップMおよび1ステップBIE推定値

	Tukey，1ステップM			Tukey，1ステップBIE		
	係数	標準偏差	z 値	係数	標準偏差	z 値
X_2	0.5988	0.0667	8.98	0.6164	0.0664	9.28
X_3	0.7739	0.0324	23.89	0.7620	0.0323	23.61
X_4	0.0860	0.0116	7.41	0.0886	0.0115	7.73
X_5	0.1768	0.0262	6.75	0.1774	0.0262	6.77
R^2	0.988			0.989		
s	0.121			0.117		
η_2	0.599			0.616		
η_3	0.774			0.762		
η_4	1.766			1.803		
η_5	0.334			0.335		
調整定数	4.691			4.691		
s_0	0.12423			0.12842		
ウエイト0の観測値番号	なし 5→0.26261, 18→0.040466 22→0.17324, 38→0.058250			なし 5→0.14394, 18→0.081875 22→0.075343, 38→0.064312		

	Collins，1ステップM			Collins，1ステップBIE		
	係数	標準偏差	z 値	係数	標準偏差	z 値
X_2	0.5961	0.0679	8.78	0.6151	0.0674	9.13
X_3	0.7745	0.0331	23.38	0.7617	0.0330	23.10
X_4	0.0872	0.0117	7.47	0.0898	0.0115	7.82
X_5	0.1737	0.0260	6.68	0.1754	0.0259	6.78
R^2	0.990			0.991		
s	0.125			0.119		
η_2	0.596			0.615		
η_3	0.775			0.762		
η_4	1.771			1.810		
η_5	0.328			0.331		
調整定数	$x_0=1.5908$, $x_1=1.651462$, $r=4.0$			$x_0=1.5908$, $x_1=1.651462$, $r=4.0$		
s_0	0.12423			0.12842		
ウエイト0の観測値番号	18, 38 5→0.27015, 22→0.15227			なし 5→0.11891, 18→0.017064 22→0.0093325, 38→0.0050569		

から141と大きい（OLSEも136）が，MM推定はTukeyのΨのとき約60，CollinsのΨのとき約90である．MM推定においては#19のウエイトが0，もしくは0近くまで小さくなるが，1ステップM，1ステップBIE，3段階S推定

表 5.27　カリフォルニア州 30 地域の年平均降雨量 (5.6) 式の 1 ステップ M および 1 ステップ BIE 推定値

	Tukey，1ステップ M			Tukey，1ステップ BIE		
	係数	標準偏差	z 値	係数	標準偏差	z 値
定数項	−45.078	5.179	−8.7	−46.915	4.420	−10.61
X_2	3.515	0.481	7.31	3.258	0.443	7.35
X_3	5.137	0.393	13.08	5.297	0.339	15.62
X_4	131.955	15.766	8.37	140.776	13.497	10.43
X_5	−3.822	0.431	−8.87	−4.069	0.370	−11.01
X_6	−7.376	1.097	−6.72	−7.326	0.907	−8.08
R^2	0.971			0.979		
s	2.439			1.884		
調整定数	4.691			4.691		
s_0	2.82587			2.43505		
ウエイト 0 の観測値番号	2, 29 18→0.0032322			2, 18, 29 27→0.089344		

	Collins，1ステップ M			Collins，1ステップ BIE		
	係数	標準偏差	z 値	係数	標準偏差	z 値
定数項	−44.778	5.226	−8.57	−46.631	4.239	−11.00
X_2	3.536	0.486	7.28	3.266	0.433	7.54
X_3	5.114	0.395	12.93	5.274	0.324	16.27
X_4	130.386	15.869	8.22	140.517	12.976	10.83
X_5	−3.780	0.433	−8.72	−4.062	0.355	−11.45
X_6	−7.390	1.119	−6.60	−7.344	0.881	−8.34
R^2	0.971			0.980		
s	2.515			1.853		
調整定数	$x_0=1.5908$, $x_1=1.651462$, $r=4.0$			$x_0=1.5908$, $x_1=1.651462$, $r=4.0$		
s_0	2.82587			2.43505		
ウエイト 0 の観測値番号	2, 18, 29			2, 18, 29 9→0.093031, 27→0.035025		

では #19 のウエイトが余りダウンしない．

もちろん 1 ステップと OLS の β_j の推定値は大きく異なる．**図 5.9** は OLS 残差（*R*OLS）と Tukey の Ψ による 1 ステップ M の残差（*R*1SMTKY）の *RR* プロットである．1 ステップ M（Tukey）の #2，#29 のウエイト 0，#18 のウエイトほとんど 0，OLS 残差との乖離が大きいのは #1，19，29 である．

Tukey の Ψ のケースで，1 ステップ M の残差（*R*1SMTKY）と MM（$\hat{\sigma}_M$）の残差（*R*MMTKY）の *RR* プロットが**図 5.10** である．MM 推定で残差の大

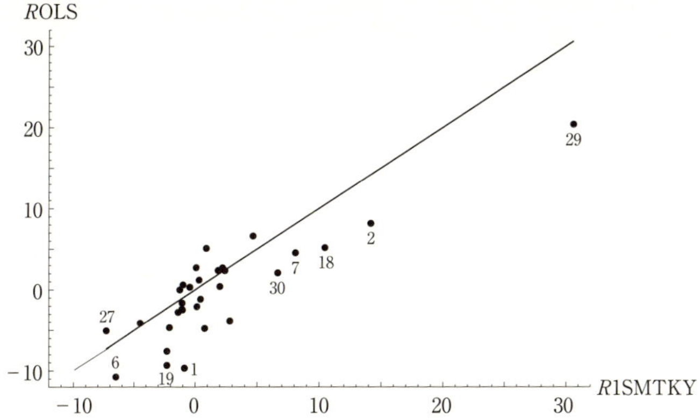

図 5.9 (5.6) 式の OLS と 1 ステップ M (Tukey) 推定の *RR* プロット

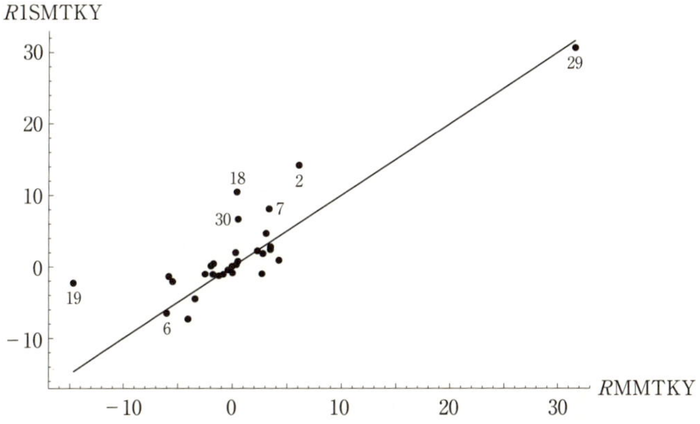

図 5.10 (5.6) 式の 1 ステップ M (Tukey) と MM (Tukey) 推定の *RR* プロット

きい #29 のウエイトは 0, #19 のウエイトはほとんど 0 近くまでダウンする. *R*1SMTKY と *R*MMTKY の間で #2, 7, 18, 19, 30 の差が大きい.

5.6 お わ り に

多くの具体例に, 複数の頑健回帰推定法を適用することによって, 観測データに表されている状況の相違から, 推定法のいくつかの点が明らかになった. 以下, 主な点を示す.

1：　5.2節で紹介したように，MM推定への評価は高いが，次の2つの弱点があることがわかった.

(1) クラフトポイントデータで，LMS残差からs_0=MAD/0.6745を求め，このs_0を初期値として，BDP 50%となる調整定数の値を与え，MM推定の論文で示されている（5.3）式より得られるσの推定値を固定する．第3段階で$\min \rho$となるβ_jの推定値をくりかえし再加重最小2乗で求めた収束値は外れ値に対応できない値であった（5.4節）．Tukey, Andrews, HampelのΨ関数でこの事態が生じた.

MM推定の第2段階で，σの推定値を（5.3）式ではなく，1.8.2項の$\hat{\sigma}_M$とすると，上記の問題は生じなかった.

(2) 高い作用点（X方向の外れ値）に，MM推定は対処できない場合がある（例5.7：登山レースの優勝時間）.

2：　β_jの（5.9）式からの1ステップM推定値，（5.10）式からのCH推定値は，観測データによっては，他の頑健回帰推定値とはかなり異なった値をもたらす場合があり採用しなかった．Andersen（2008）は高い作用点があるデータにCH法はすぐれた方法であるとは述べているが.

（5.9）式より5.5.2項の1ステップM，（5.10）式より5.5.3項の1ステップBIEの方が良い．しかし，とくに，この1ステップMあるいは1ステップBIEをMM推定や3段階S推定と比べ推奨すべき理由はない．多くの具体例でこの点は確認してきた.

3：　外れ値への対処の仕方で，MM推定の方が3段階S推定より適切である場合（例5.4：カリフォルニア州30地域の年平均降雨量），逆に，3段階S推定の方がMM推定より適切なケースもある（例5.7：登山レースの優勝時間）.

4：　3段階S推定やMM推定ではなく，BIEのみが，X方向の外れ値に対処できる場合がある（例5.3：リンパ球数のモデル（5.4）式）.

まれな例であるが，（3.23）式の#22のように，それほど大きなY方向の誤差ではないが，BIEのみが#22のウエイトを0にするケースもある（表3.9，表4.11，（4.12）式，表5.14参照）.

複数の頑健回帰推定法とΨ関数をさまざまな状況に適用して明らかになったことは，1つの特定の頑健回帰推定法のみにこだわらず，複数の推定法を試み，外れ値への対処の仕方を比較した方が良い，1つの推定法と特定の Ψ 関数に限定しない方が良いということである．この現状が，頑健回帰推定が回帰分析の道具箱の中に標準的方法として入らない理由の1つでもある．

これまで，M 推定，BIE，3段階S推定，τ 推定，MM 推定，1ステップM推定，1ステップBIE，Ψ 関数も5種類の再下降 Ψ 関数を用いて，これらの頑健回帰推定法を多くの具体例に適用してきた．推定法として推奨できるのはMM推定と3段階S推定，Ψ 関数はTukey，Collins（あるいはHampel）の Ψ 関数を用いる方法である．

Collins，Hampel，tanh の Ψ 関数は，規準化残差がある値以下のときにはウエイト1を与えるが，Tukey，Andrewsの Ψ は残差0のときのみウエイト1となる．すべての残差に等ウエイト1を与えるOLSとの比較では，Collins，Hampel，tanh の Ψ 関数による頑健回帰が，外れ値の検出と程度を明らかにする．このなかで tanh の Ψ 関数は5個の調整定数を有し，かつこの調整定数間の制約が強く，他の Ψ 関数とは異なる回帰係数推定値をもたらすケースがしばしば生じ推奨できない．

3段階S推定や MM 推定と比較して，τ 推定をとくに推奨すべき理由も見出せなかった．

参考文献

Andersen, R. (2008). *Modern Methods for Robust Regression*, Sage Publications.

Andrews, D. F. (1974). A robust method for multiple linear regression, *Technometrics*, **16**, 523-531.

Andrews, D. F., Bickel, P. J., Hampel, F. R., Huber, P. J., Rogers, W.H., and Tukey, J. W. (1972). *Robust Estimates of Location—Survey and Advances*, Prinston University Press.

Anscombe, F. J. (1960). Rejection of outliers, *Technometrics*, **2**, 123-147.

Atkinson, A. C. (1981). Two graphical displays for outlying and influential observations in regression, *Biometrika*, **68**, 13-20.

Atkinson, A. C. (1982). Regression diagnostics, transformations and constructed variables, *Journal of the Royal Statistical Society B*, **44**, 1-36.

Atkinson, A. C. (1985). *Plots, Transformations, and Regression—An Introduction to Graphical Methods of Diagnostic Regression Analysis*, Oxford University Press.

Atkinson, A. and Riani, M. (2000). *Robust Diagnostic Regression Analysis*, Springer.

Barnett, V. and Lewis, T. (1994). *Outliers in Statistical Data*, 3rd ed., John Wiley & Sons.

Beaton, A. E. and Tukey, J. W. (1974). The fitting of power series, meaning polynomials, illustrated on band-spectroscopic data, *Technometrics*, **16**, 147-185.

Beckman, R. J. and Cook, R. D. (1983). Outlier.........s, *Technometrics*, **25**(2), 119-149.

Belsley, D. A., Kuh, E., and Welsch, R. E. (1980). *Regression Diagnostics*, John Wiley & Sons.

Bickel, P. J. (1975). One-step Huber estimates in the linear model, *Journal of the American Statistical Association*, **70**, 428-434.

Box, G. E. and Cox, D. R. (1964). An analysis of transformations, *Journal of the Royal Statistical Society B*, **26**, 211-252.

Breusch, T. S. and Pagan, A. R. (1979). A simple test of heteroskedasticity and random coefficient variation, *Econometrica*, **47**, 1287-1294.

Carroll, R. J. and Ruppert, D. (1988). *Transformation and Weighting in Regression*, Chapman and Hall.

Chan, Wai-Sum. (2001). Teaching the concept of breakdown point in simple linear regression, *International Journal of Mathematical Education in Science and Technology*, **32**, 745-748.

Chatterjee, S. and Hadi, A. S. (1988). *Sensitivity Analysis in Linear Regression*, John Wiley & Sons.

Chave, A. D. and Thomson, D. J. (2003). A bounded influence regression estimator based on the statistics of the hat matrix, *Journal of the Royal Statistical Society, C*, **52**, 307-322.

Coakley C. W. and Hettamansperger, T. P. (1993). A bounded influence, high breakdown, efficient regression estimator, *Journal of the American Statistical Association*, **88**, 872–880.

Collins, J. R. (1976). Robust estimation of a location parameter in the presence of asymmetry, *The Annals of Statistics*, **4**, 68–85.

Croux, C. P. (1994). Efficient high-breakdown M-estimators of scale, *Statistics & Probability*, **19**, 371–379.

Croux, C. P., Rousseeuw, P. J., and Hossjer, O. (1994). Generalized S-estimators, *Journal of the American Statistical Association*, **89**, 1271–1281.

Daniel, W.W. (2010). *Biostatistics—Basic Concepts and Methodology for the Health Sciences*, 9th ed., John Wiley & Sons.

Davies, P. L. (1987). Asymptotic behavior of S-estimates of multivariate location parameters and dispersion matrices, *The Annals of Statistics*, **15**, 1269–1292.

Dennis, M. B. and Welsch, R. E. (1976). Techniques for nonlinear least squares and robust regression. *Proc. Amer. Statist. Assoc. Statist. Comp. Section*, 83–87.

Dollinger, M. B. and Staudte, R. G. (1991). Influence functions of iteratively reweighted least squares estimators, *Journal of the American Statistical Association*, **86**, 709–716.

Donoho, D. L. and Huber, P. J. (1983). The notion of breakdown point, *in* Bickel, P., Doksum, K., and Hodges, Jr. (eds.), *A Festschrift for Erich Lehman*, Wadsworth.

Gervini, D. and Yohai, V. J. (2002). A class of robust and fully efficient regression estimators, *The Annals of Statistics*, **30**, 583–616.

Godfrey, L. G. (1978). Testing for multiplicative heteroskedasticity, *Journal of Econometrics*, **16**, 227–236.

Goodall, C. (1983). M-estimators of location: an outline of the theory, *in* Hoaglin, D. C. et al. (eds.), *Understanding Robust and Exploratory Data Analysis*, John Wiley & Sons.

Graybill, F. A. (1969). *Introduction to Matrices with Applications in Statistics*, Wadsworth.

Green, J. R. and Hegazy, Y. A. S. (1976). Iteratively reweighted least squares for maximum likelihood estimation, and some robust and resistant alternatives, *Journal of the Royal Statistical Society, B*, **46**, 149–192.

Hampel, F. R. (1971). A general qualitative definition of robustness, *Annals of Mathematical Statistics*, **42**, 1887–1896.

Hampel, F. R. (1974). The influence curve and its role in robust estimation, *Journal of the American Statistical Association*, **69**, 383–393.

Hampel, F. R., Rousseeuw, P. J., and Ronchetti, E. (1981). The change-of-variance curve and optimal redescending M-estimators, *Journal of the American Statistical Association*, **76**, 643–648.

Hampel, F. R., Ronchetti, E. M., Rousseeuw, P. J. and Stahel, W. A. (1986). *Robust Statistics—The Approach Based on Influence Function*, John Wiley & Sons.

Handschin, E., Schweppe, F. C., Kohlas, J. and Fiechter, A. (1975). Bad data analysis for power system state estimation, *IEEE Transactions on Power Apparatus and Systems*, **2**, 329–337.

Harvey, A. C. (1977). A comparison of preliminary estimators for robust regression, *Journal of the American Statistical Association*, **72**, 910–913.

Hill, R. W. and Talwar, P. P. (1975). Two robust alternatives to least-squares regression,

Journal of the American Statistical Association, **72**, 828-833.

Hoaglin, D. C. and Welsch, R. E. (1978). The hat matrix in regression and ANOVA, *American Statistician*, **32**, 17-22.

Hoaglin, D. C., Mosteller, F., and Tukey, J. W. (1983). *Understanding Robust and Exploratory Data Analysis*, John Wiley & Sons.

Hoaglin, D. C., Mosteller, F., and Tukey, J. W. (eds.) (1985). *Exploring Data Tables, Trends, and Shapes*, John Wiley & Sons.

Hocking, R. R. (2013). *Methods and Applications of Linear Models*, 3rd ed., Wiley.

Hodges, J. L., Jr. (1967). Efficiency in normal samples and tolerance of extreme values for some estimates of location, *Proc. Fifth Berkley Symp. Math. Stat. Prob.* **1**, 163-168.

Hogg, R. W. (1977). An introduction to robust procedures, *Communications in Statistics*, **A6**, 789-794.

Holland, P. W. and Welsch, R. E. (1977). Robust regression using iteratively reweighted least-squares, *Communications in Statistics*, **A6**, 813-827.

Huber, P. J. (1964). Robust estimation of a location parameter, *Annals of Mathematical Statistics*, **35**, 73-101.

Huber, P. J. (1973). Robust regression asymptotics, conjectures and Monte Carlo, *The Annals of Statistics*, **1**, 799-821.

Huber, P. J. (1981). *Robust Statistics*, John Wiley & Sons.

Huber, P. J. (1983). Minimax aspects of bounded influence regression, *Journal of the American Statistical Association*, **78**, 66-80.

Huber, P. J. and Ronchetti, E. M. (2009). *Robust Statistics*, 2nd ed., John Wiley & Sons.

Iglewicz, B. (1983). Robust scale estimators and confidence intervals for location, *in* Hoaglin, D. C. et al. (eds.), *Understanding Robust and Exploratory Data Analysis*, John Wiley & Sons.

Koenker, R. (1981). A note on studentizing a test for heteroskedasticity, *Journal of Econometrics*, **17**, 510-514.

Koenker, R. (1982). Robust methods in econometrics, *Econometric Reviews*, **1**, 213-255.

Krasker, W. S. (1981). The role of bounded estimation in model selection, *Journal of Econometrics*, **16**, 131-138.

Krasker, W. S. and Welsch, R. E. (1982). Efficient bounded-influence regression estimation, *Journal of the American Statistical Association*, **77**, 595-604.

Lawrence, K. D. and Arthur, J. L. ed. (1990). *Robust Regression*, Dekker.

Lax, D. A. (1985). Robust estimators of scale: finite performance in long-tailed symmetric distributions, *Journal of the American Statistical Association*, **80**, 736-741.

Li, G. (1985). Robust regression, *in* Hoaglin, D. C., Mosteller, F., and Tukey, J. W. (eds.), *Exploring Data Tables, Trends and Shapes*, John Wiley & Sons.

Lopuhaä, H. P. (1989). On the relation between S-estimators and M-estimators of multivariate location and covariance, *The Annals of Statistics*, **17**, 1662-1683.

Lopuhaä, H. P. and Rousseeuw, P. J. (1991). Breakdown points of affine equivariant estimators of multivariate location and covariance matrices, *The Annals of Statistics*, **19**, 229-248.

Marazzi, A. (1991). Algorithms and programs for robust linear regression, *in* Stahel, W. and Weisberg, S. (eds.), *Directions in Robust Statistics and Diagnostics, Part I*, Springer-Verlag.

Maronna, R. A. (1976). Robust M-estimators of multivariate location and scatter, *The Annals of Statistics*, **4**, 51-67.

Maronna, R. A., Bustos, O. and Yohai, V. J. (1979). Bias-and efficiency-robustness of general M-estimators for regression with random carriers, *in* Gasser, T. and Rosenblatt, M. (eds.), *Smoothing Techniques for Curve Estimation, Lecture Notes in Mathematics*, 91-116, Springer Verlag.

Maronna, R. M., Martin, R. D., and Yohai, V. J. (2006). *Robust Statistics-Theory and Methods*, John Wiley & Sons.

Mendenhall, W. and Sincich T. (2003). *Regression Analysis—A Second Course in Statistics—*, 6th ed., Pearson Education.

蓑谷千凰彦 (1992a).『計量経済学における頑健推定』, 多賀出版.

蓑谷千凰彦 (1992b).「回帰モデルにおける σ と β の同時M推定」, 大石泰彦・福岡正夫編『経済理論と計量分析』, 早稲田大学出版部.

蓑谷千凰彦 (1996).『計量経済学の理論と応用』, 日本評論社.

蓑谷千凰彦 (2007).『計量経済学大全』, 東洋経済新報社.

蓑谷千凰彦 (2012).『正規分布ハンドブック』, 朝倉書店.

蓑谷千凰彦 (2015).『線形回帰分析』, 朝倉書店.

Montgomery, D. C., Peck, E. A., and Vining, G. G. (2006). *Introduction to Linear Regression Analysis*, 4th ed., Wiley-Interscience.

Montgomery, D. C., Peck, E. A., and Vining, G. G. (2012). *Introduction to Linear Regression Analysis*, 5th ed., John Wiley & Sons.

Mosteller, F. and Tukey, J. W. (1977). *Data Analysis and Regression*, Addison-Wesley.

Myers, R. H. (1986). *Classical and Modern Regression with Applications*, Duxbury Press.

長嶋秀世 (2001).『数値計算法』(改訂3版), 槇書店.

Ramsey, J. B. (1969). Tests for specification errors in classical linear least squares regression analysis, *Journal of the Royal Statistical Society B*, **2**, 350-371.

Ramsey, J. B. (1974). Classical model selection through specification error tests, *in* Zarembka, P. (ed.), *Frontiers in Econometrics*, Academic Press.

Ramsey, J. B. and Schmidt, P. (1976). Some further results on the use of OLS and BLUS residuals in specification error tests, *Journal of the American Statistical Association*, **71**, 389-390.

Rencher, A. C. (2000). *Linear Models in Statistics*, John Wiley & Sons.

Rencher, A. C. and Schaalje, G. B. (2008). *Linear Models in Statistics*, 2nd ed., Wiley-Interscience.

Rocke, D. M., Downs, G. W., and Rocke, A. J. (1982). Are robust estimators really necessary?, *Technometrics*, **24**, 95-101.

Rousseeuw, P. J. (1984). Least median of squares regression, *Journal of the American Statistical Association*, **79**, 871-880.

Rousseeuw, P. J. and Yohai, V. J. (1984). Robust regression by means of S-estimators, *in Robust and Nonlinear Time Series Analysis, Lecture Notes in Statistics* 26, 256-272, Springer Verlag.

Rousseeuw, P. J. and Leroy, A. M. (2003). *Robust Regression and Outlier Detection*, John Wiley

& Sons.

Rousseeuw, P. J. and van Zomeren, W. C. (1990). Unmasking multivariate outliers and leverage points, *Journal of the American Statistical Association*, **85**, 633-639.

Royston, J. P. (1983). Some techniques for assessing multivariate normality based on the Shapiro-Wilk W, *Applied Statistics*, **32**, 121-133.

Ryan, T. P. (2009). *Modern Regression Methods*, 2nd ed., John Wiley & Sons.

Shapiro, S. S. and Wilk, M. B. (1965). An analysis of variance test for normality, *Biometrika*, **52**(3) and (4), 591-611.

Siegel, A. F. (1982). Robust regression using repeated medians, *Biometrika*, **69**, 242-244.

Simpson, J. R. and Montgomery D. C. (1998). A performance-based assessment of robust regression methods, *Communications in Statistics, Simulation and Computation*, **27**, 1031-1049.

Staudte, R. G. and Sheather, S. J. (1990). *Robust Estimation and Testing*, Wiley Interscience.

Venables, W. N. and Ripley, B. D. (2002). *Modern Applied Statistics with S*, 4th ed., Springer (伊藤幹夫・大津泰介・戸瀬信之・中東雅樹・丸山文綱・和田龍磨訳『S-PLUS による統計解析』第 2 版, シュプリンガー・ジャパン株式会社, 2009).

Welsch, R. E. (1980). Regression sensitivity analysis and bounded-influence estimation, *in* Kmenta, J. and Ramsey, J. B. (eds.), *Evaluation of Econometric Models*, Academic Press.

Western, B. (1995). Concepts and suggestions for robust regression analysis, *American Journal of Political Science*, **39**, 786-817.

Wilcox, R. R. (2005). *Introduction to Robust Estimation and Hypothesis Testing*, Elsevier Academic Press.

Yohai, V. J. (1987). High breakdown-point and high efficiency robust estimates for regression, *The Annals of Statistics*, **15**, 642-656.

Yohai, V. J. and Maronna, R. A. (1979). Asymptotic behavior of M-estimates for the linear model, *The Annals of Statistics*, **7**, 258-268.

Yohai, V. J. and Zamar, R. H. (1988). High breakdown-point estimates of regression by means of the minimization of an efficient scale, *Journal of the American Statistical Association*, **83**, 406-413.

Yohai, V. J., Stahel, W. A., and Zamar, R. H. (1991). Procedures for robust estimation and inference in linear regression, *in* Stahel, W. and Weisberg, S. (eds.), *Directions in Robust Statistics and Diagnostics, Part II*, Springer-Verlag.

索　　引

欧　文

あ 行

か 行

さ 行

た 行

な 行

は 行

ま 行

や 行

ら 行

著者略歴

蓑谷千凰彦（みのたに・ちおひこ）

1939 年　岐阜県に生まれる
1970 年　慶應義塾大学大学院経済学研究科博士課程修了
現　在　慶應義塾大学名誉教授
　　　　博士（経済学）
主　著　『計量経済学大全』（東洋経済新報社，2007）
　　　　『計量経済学ハンドブック』（編集，朝倉書店，2007）
　　　　『数理統計ハンドブック』（みみずく舎，2009）
　　　　『応用計量経済学ハンドブック』（編集，朝倉書店，2010）
　　　　『統計分布ハンドブック［増補版］』（朝倉書店，2010）
　　　　『正規分布ハンドブック』（朝倉書店，2012）
　　　　『一般化線形モデルと生存分析』（朝倉書店，2013）
　　　　『統計ライブラリー 線形回帰分析』（朝倉書店，2015）

統計ライブラリー
頑健回帰推定　　定価はカバーに表示

2016 年 2 月 10 日　初版第 1 刷

著　者　蓑　谷　千　凰　彦
発行者　朝　倉　邦　造
発行所　株式会社　朝　倉　書　店
東京都新宿区新小川町 6-29
郵 便 番 号　162-8707
電　話　03（3260）0141
FAX　03（3260）0180
http://www.asakura.co.jp

〈検印省略〉

印刷・製本 東国文化

ISBN 978-4-254-12837-6　C 3341　Printed in Korea